异步图书 www.epubit.com 力扣官方作序推荐

卷积传媒 AIRBOOK

高效制胜

程序员面试典型题解

吴江◎编著

人民邮电出版社
北京

图书在版编目（CIP）数据

高效制胜 : 程序员面试典型题解 / 吴江编著. --
北京 : 人民邮电出版社, 2021.7
ISBN 978-7-115-55198-6

Ⅰ. ①高… Ⅱ. ①吴… Ⅲ. ①程序设计－资格考试－自学参考资料 Ⅳ. ①TP311.1

中国版本图书馆CIP数据核字(2021)第073436号

内 容 提 要

技术面试对于IT领域的求职者来说是一个关键环节。LeetCode（力扣）是许多求职者在准备面试或欲提高专业技术时常用的一个网站，求职者可通过合理且有效地运用网站上的题目资源更高效地准备面试。本书精选力扣上的几十道原题，涵盖求和问题、动态规划法、堆栈、数字、树、字符串、图等算法知识，详细讲解了技术面试的要点，更介绍了系统架构设计题的思考方向。对于每一道题目，本书结合视频，分析了解题思路和面试思路，更有面试技巧分享及面试实战介绍。

本书的目的是让求职者用更短的时间做更充足的准备，并在面试中充分展示自己的特点，高效制胜程序员面试。本书可供IT领域的求职者和在职人员学习参考。

◆ 编　　著　吴　江
　责任编辑　赵祥妮
　责任印制　陈　犇
◆ 人民邮电出版社出版发行　　北京市丰台区成寿寺路 11 号
　邮编　100164　　电子邮件　315@ptpress.com.cn
　网址　https://www.ptpress.com.cn
　临西县阅读时光印刷有限公司印刷
◆ 开本：800×1000　1/16
　印张：12.25　　　　2021 年 7 月第 1 版
　字数：216 千字　　　2021 年 7 月河北第 1 次印刷

定价：79.90 元

读者服务热线：(010)81055410　印装质量热线：(010)81055316
反盗版热线：(010)81055315
广告经营许可证：京东市监广登字 20170147 号

推荐序 Foreword

技术面试，是每个心怀梦想的程序员进入理想公司就职，开启事业绚丽篇章的必由之路。越是实力雄厚、待遇上乘、机会无限的公司，对于技术面试也就越重视。不可避免地，进入这些公司的竞争也就越激烈，技术面试的难度也越高，挑战也越大。

经过多年的经验积累，技术面试早已不再局限于考察程序员的编码能力。对于高度复杂而又需要灵活多变的互联网软件产品和服务而言，合格的程序员需要具备全面的能力，包括对原始问题的理解和分析能力、在不同的系统层级中完成设计抽象和资源整合的能力、在多个平行方案中根据具体场景进行取舍和时空置换的能力，更要在团队成员水平并不整齐划一、对项目的理解也存在方向和深度的差异的前提下，组织和规划研发的日常推进，至少能够找准自己的定位并坚实地做好岗位上的输出，并能够对上下游提供必要的支持。这一切的一切，都要在面试时的数小时甚至几十分钟的时间窗口中，通过有限的表达方式展现出来，这并不容易。

LeetCode（力扣）起源于美国硅谷，是最早的在线评测（Online Judge，OJ）平台之一。近年来，中国在全球技术发展中已经逐步成长为主导力量，涌现了大量人类历史上从未有过的领军技术企业，吸引着全球的人才加入。因为预见了这一历史潮流中的潜在需求，我们将力扣引入中国并成立了“力扣中国”，致力于程序员的职业化成长与进步。其中，助力程序员高效地通过技术面试，进入理想的企业，并在真实服务于亿万人的项目中不断深造，是力扣使命的重要组成部分。

我们很高兴地看到，全球的程序员们对于力扣的服务表现出了极大的热情。我们更开心地看到这本书的出版，它的作者吴江很深入地理解了力扣的产品和服务背后的精神：力扣决不是一个简单地供程序员准备面试的“刷题”网站，而是鼓励程序员透过一道道具象的面试题，思考题目背后的计算机体系设计、算法与数据结构、技术和工程取舍、程序设计语法和语义精髓等知识，收获能够为每位程序员职场带来长期助力的“底层能力”。然后在面试现场，通过代码本身，以及代码以外的表达，向面试官尽可能充分地将你已经掌握的知识和能力完整地、忠实地表现出来，并能够让面试官了解到在未来共事的日子里，你还会有更大的发展潜力，成为团队里一股积极的势能。是的，底层能力是一切的基础，是程序员进步和成长的关键，也是力扣一直秉持的信念。所以，这本书的例题全部精选自力扣，也就顺理成章了。

我们了解到作者吴江后续会开通自己的频道，为大家在更大的广度和深度上传播技术面试相关的内容。在此，我们提前预祝他成功。我们希望广大程序员能够通过阅读本书和后续专栏切实受益，更希望大家能够以本书为起点，在力扣上通过更多的学习和练习来有针对性地提升自己的薄弱环节，在专业和事业的道路上不断进步和成长。

力扣
2021 年 4 月

你会打开这本书，一定是被“高效”这个词吸引过来的。作为一名程序员，参加面试最重要的准备工作就是“刷题”，要将大量的时间花在练习算法题上。随着在线练习的题库越来越多，面试者为面试准备的时间也越来越长，而带来的结果则是面试官也需要不断地翻新自己的题库，以防止面试者提前准备了自己选的面试题。

这样一来，面试者和面试官都需要花费大量时间准备面试。而面试者花费了时间和精力准备算法题以后，发现很多题在面试时都没有遇到，在实际工作中对自己也没有帮助。因此帮助面试者在节约准备时间的同时提高业务能力就成为我写这本书的初衷。

我在 2018 年也因为需要换工作，投递了很多简历，参加了各种企业的面试。花费了大量时间准备却没有在面试中派上用场的挫败感，我深有体会。但是在不断地练习以后，我逐渐有了信心来应对各种算法面试，最终也找到了满意的工作。我想把这段经历中自己结合 LeetCode 系统地准备面试的经验总结出来，分享给准备面试的各位程序员，包括我自己，让大家在今后的面试准备中少走弯路，于是就有了这本书。

本书的“高效”体现在两个方面。

1．精选适用广泛的算法。既然面试的目的是考核面试者的能力，面试就应该尽量还原工作场景。而只需要用一些常见的算法就可以解决大部分问题，如果最后的算法效率不够高，那么通过白板或实机操作，面试者仍然有机会改进自己的算法。

2．选择最容易写出的代码。程序员喜欢自嘲自己的代码是从 GitHub 或者 Stack Overflow 这两个著名的网站上借鉴来的。平时的代码可以引用别人的，面试的时候就应该以快速给出一个正确的实现为目标。

我在准备面试的时候发现，我做一道算法题往往需要半天的时间，这并不是因为我做得慢，而是因为解题过程包括以下步骤。

1．尝试用已有的知识来实现，即使用效率最低的方式也要实现出来。

2．根据 LeetCode 给出的运行时间和性能测试尝试优化算法。

3．查找相关的资料，比如 LeetCode 的讨论或相关的理论知识，加深自己的理解。

这些步骤和工作中实现项目功能的步骤一样，首先给出一个正确的方案，然后再进行优化。日常工作中我们可以使用 Benchmark 或 Profiling 等工具优化，面试的时候则需要在纸上通过抽象分析来进行优化。

本书的每个问题都会按照这个结构组织，同时也希望读者能按照同样的方式练习算法题，把准备面试的时间花费在更有意义的事情上。

和其他算法书相比，本书显得很“薄”，因为本书专注于“面试”中用到的算法。对于有一定工作经验的面试者来说，面试时很少需要实现排序算法等基础算法，一方面因为它并不是日常的工作内容，另一方面很多语言默认的排序功能需要很长时间的演化才能达到高效和稳定，让面试者在非常短的面试时间内就写出同等质量的代码显然不够合理。如果不凑巧，面试者需要在面试中实现排序算法，那么经过本书的“实现—优化”的练习，面试者仍然可以在面试中写出合格的代码。练习算法题已经成为程序员求职面试准备中非常分散精力但又不得不做的事情，更重要的优化简历、练习自我介绍和总结项目经验等反而没有得到重视，而这些才是让面试官在短时间内了解自己的有效途径。

如何使用本书代码

本书代码使用的编程语言是 Python3，在 LeetCode 提交时需要在语言下拉列表中选择“Python3”，如图 0-1 所示。

考虑到编程规范的需要，书中的代码和 LeetCode 的函数名并不一致，读者提交时需要在默认代码中调用书中的函数，如 return two_sum（nums,target），如图 0-2 所示。如果想在 LeetCode 中模拟白板面试，请读者不要直接复制、粘贴代码，而应该手动敲入代码，这样才能更好地知道自己解题时容易遗漏哪些方面。请记住：我们的目的并不是完成一道题目，而是完全理解该类问题的解题思路。

力扣
探索
NEW
题库
圈子
竞赛
面试
职位
商店
新功能
下载 App
Plus 会员
中
题目描述
评论 (5.8k)
题解(6255)
提交记录
Python3
智能模式
1. 两数之和
难度 简单
9046
给定一个整数数组 nums 和一个目标值 target，请你在该数组中找出和为目标值的那 两个 整数，并返回他们的数组下标。
你可以假设每种输入只会对应一个答案。但是，数组中同一个元素不能使用两遍。
示例:
给定 nums = [2, 7, 11, 15], target = 9
因为 nums[0] + nums[1] = 2 + 7 = 9
所以返回 [0, 1]
通过次数 1,349,127
提交次数 2,734,235
在真实的面试中遇到过这道题?
是
否
© 力扣 (LeetCode) 版权所有
C++
Java
Python
Python3
C
C#
JavaScript
ution:
woSum(self, nums: List[int], target: int) ->
:
题目列...
随...
上一题
1/1771
下一题
控制台
贡献
▸执行代码
提交

图 0–1

力扣
探索
NEW
题库
圈子
竞赛
面试
职位
商店
新功能
下载 App
Plus 会员
中
题目描述
评论 (5.8k)
题解(6255)
提交记录
Python3
智能模式
1. 两数之和
难度 简单
9046
给定一个整数数组 nums 和一个目标值 target，请你在该数组中找出和为目标值的那 两个 整数，并返回他们的数组下标。
你可以假设每种输入只会对应一个答案。但是，数组中同一个元素不能使用两遍。
示例:
给定 nums = [2, 7, 11, 15], target = 9
因为 nums[0] + nums[1] = 2 + 7 = 9
所以返回 [0, 1]
通过次数 1,349,127
提交次数 2,734,235
在真实的面试中遇到过这道题?
是
否
© 力扣 (LeetCode) 版权所有
1 class Solution:
2 def twoSum(self, nums: List[int], target: int) ->
List[int]:
3 return two_sum(nums, target)
4
5 def two_sum(nums: List[int], target: int) -> List[int]:
6 # 略
题目列...
随...
上一题
1/1771
下一题
控制台
贡献
▸执行代码
提交

图 0–2

视频导向图书使用指南

1.什么是视频导向图书?

视频导向图书是一种创新的内容分发形式，它以我们熟悉的图书为载体，但图书只是一个起点。通过视频导向图书，读者可以很容易地使用手边的智能设备，如手机和平板电脑，从图书出发，和图书背后的创作者建立联系，获取视频、直播甚至线下活动等丰富形式的内容，提升获取信息的效率和体验。

2.在视频导向图书上找到入口

所有视频导向图书上都有两种形式的入口。

（1）二维码

二维码是大家非常熟悉、几乎天天都接触的。本书中的二维码入口如图 0-3 所示（它真的可以扫描）。

图 0-3　二维码入口

为了保证二维码不会失效，我们采用了活码进行跳转。关注微信公众号“内容市场”，使用微信“扫一扫”来扫描书上的二维码，根据页面提示进入微信小程序即可观看讲解视频。也可以使用卷积传媒研发的 App——内容市场，来扫描二维码并观看讲解视频。

（2）增强现实触发图

虽然扫描二维码是一种很熟悉的体验，但不得不承认有点太常见，不够酷炫。为此，我们提供了另一种更炫的入口：把一张图直接变成一段视频并就地播放！方法是使用“内容市场”App 来扫描触发图，它在本书中如图 0-4 所示（它真的可以扫描），它位于几乎每一节的开头。

您可以在智能手机上的应用市场等渠道下载和安装“内容市场”App。

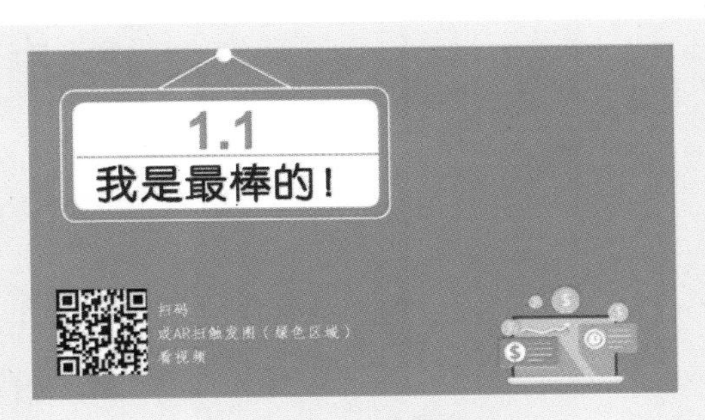

图 0-4　触发图

单击“内容市场”底部的扫描按钮来扫描触发图，首次识别可能需要等待数秒，但马上您就可以获得相当惊喜的就地播放体验了，而且还可以看到运动跟踪的效果。当然，您不需要一直手持设备并对准触发图，而是随时可以单击“全屏播放”，将视频切换到全屏播放。

3.免费享用增值内容的权益

“内容市场”为读者提供的内容分为两个部分，一是与图书配套的、在图书上提供入口的增值内容，二是由图书的作者再度创作的、并不在图书上提供入口的订阅内容。

本书的读者都可以免费享用所有的增值内容。如果您看了视频感觉有所收获，也可以将它们分享给好友。

订阅内容也有很多免费的，但有些内容可能需要另外付费购买，这完全取决于您的需求和意愿。

4.联系客服

如果读者朋友们在使用软件时遇到了技术故障等问题，可扫描以下二维码咨询客服人员。

图 0-5　客服联系方式

卷积传媒

Contents 目录

第01章 你准备好了吗？

在一些社交网站上可以发现，很多人并不知道如何准备面试，而且在面试的前一天晚上会开始紧张，面试的时候也不知道如何表现。

很多人恐惧面试其实是因为很多问题是平时自己不敢面对的，但是在面试的时候不得不回答，比如自己的特长、自己的职业发展规划等。面试中并不存在“逃避可耻但有用”的说辞，面试官期待的是面试者对这些问题的确切回答。

很多面试者明明自己有实力，但是在面试中却没有发挥好。需要注意的是，面试并不是考试，面试的题目并不存在标准答案，如果没有发挥好，说明准备的策略有问题。参加面试最重要的是让面试官在很短的时间内了解自己，为了达到这个目的，我们就需要在准备的时候提前考虑各种情况，从而可以在面试中尽可能地展示自己的各个方面。

时刻保持自信

“我是最棒的！”这句话在成长励志类文章中比较常见，常见到会引起读者反感的程度，但是很多面试者最缺乏的往往就是自信。

在准备面试的时候，请时刻记住自己是最棒的，并且要在简历中通过项目经历体现出来。

在面试过程中也要保持自信，很多面试官会有意无意地隐藏自己的情绪，不会给出及时的反馈。这个时候面试者需要给自己打气，保持稳定的心态。

在面试结束后，即使没有被录用，也要记住自己是最棒的，只是当前的工作职位并不适合自己。多次被拒绝后，面试者的情绪会逐渐低落，这个时候更需要保持自信心，以迎接下一场面试。

准备简历

在简历中通常要描述自己的工作经历和项目经历，这个时候就应该回想一下，自己在某一项目中发挥了哪些作用，展现了哪方面的特长。

在回顾工作经历的时候也应该回想一下自己当时的感受，感受其实蕴含着很多方面：自己当时的期望，对自己在这段经历中担任的角色是否满意，自己对当时的搭档是否满意。根据感受我们可以梳理出自己对于未来的发展规划，自己喜欢什么样的工作环境，愿意接受哪方面的挑战等。

不要盲目地投递简历，没有做功课就参加面试，会让面试官对我们的第一印象大打折扣。了解职位也是面试准备的一部分，公司的企业文化、所处行业还有工作氛围都和面试者息息相关。设想一下，如果面试者不喜欢大公司冗长烦琐的工作流程，可以预见即使面试通过，没多久也会重新换工作，这样对自己和企业来说都是不负责任的。

准备简历的时候请牢记自己是最棒的，更需要让查看简历的人知道自己棒在哪里，从而可以顺利地进入下一步的面试。

面试是一场销售

面试和销售有一些相似之处，都需要让对方在短时间内了解并买下自己推销的“商品”，面试时的“商品”就是面试者自己。就像商品需要包装一样，面试者在面试中展现出良好的精神状态会为自己加分。

而如何介绍自己就类似销售中的话术，不同的职位对于面试者的要求不一样，在面试前准备的时候需要再次熟读职位要求，针对职位要求调整自我介绍的重点。比如，有些职位看重创造性，有些职位则看重严谨性。准备的时候就需要仔细回想自己的工作经历，找出一些实例证明自己确实有相应的特点。

另外，面试官也需要展示企业的优点以吸引优秀的面试者，面试者则需要多问问题，全面了解企业和职位，避免出现到了新岗位后不适应而很快就萌生退意的情况。

1.2 常见问题的准备

扫码
或AR扫触发图（绿色区域）
看视频

请介绍一下你自己

有一些必须准备的常见面试问题，在准备时应考虑清楚这些问题实际考查的内容，下面是一些例子。

这个问题一般是面试的开场，如果应聘外企，还需要做好使用外语回答的准备。面试者在这个环节常见的错误是仅复述一遍自己的简历，并没有意识到需要解答面试的根本性问题，即“我为什么要雇用你？”

回答这个问题，就要强调自己为什么能胜任应聘的职位，以及自己未来的发展和职位的契合度。比如，“我在某某行业有 X 年的工作经验，我对于用户体验的优化很有兴趣，平时会和产品经理讨论一些想法”，这样的一个开场白就讲明了自己的长处，并暗示了自己未来的发展方向（用户体验的优化）。接下来面试官就可以验证面试者的特长是否属实，以及向面试者介绍当前的职位是否符合她 / 他想要的发展方向。

这个问题对于全球的面试者来说都是一个困扰，因为很少有人认为自己能回答得很好。虽然面试官在这个时候不太会给出反馈，但是如果在这个环节能够让面试官满意，后面的环节他可能倾向帮助面试者更好地展现自己，避免面试者被题目困住。

准备这个问题需要掌握以下几个要点。

1．“我是谁”。使用简短的语言介绍自己的长处，给面试官留下印象。

2．“我的专业背景”。用一句话总结自己的行业背景，如果是跨行业面试，可能还需要突出工作内容的契合度。

3．“我为什么想应聘这个职位”。一方面体现自己了解应聘的职位，另一方面也要体现出自己的职业规划与该职位是符合的，愿意在该职位长期工作。

请讲述工作中最难忘的经历

这个问题隐含了基于行为的面试。面试者需要回答出一段工作经历，并讲述自己在这段工作经历中发挥的作用。

回答问题前可以询问面试官给的时间长短，根据时间准备不同的讲述重点。如果时间充分可以讲述一下自己当时对项目的期望，以及自己是如何努力让项目在符合期望的方向上推进的。

你最大的缺点是什么

问这个问题的面试官一般被认为是“阴险”的，因为面试者不可能真的把自己最大的缺点讲出来，比如懒、没有耐心等，也不能虚伪地回答“我最大的缺点就是没有缺点”。

如果不想回答，不妨直白地告诉面试官，自己在平时的工作中人际关系还不错，所以并不了解自己到底有哪些缺点为他人造成了困扰。如果想回答出彩的话，面试者需要明白面试官想了解的是面试者自己不容易让别人接受的部分，相应的可以加一些正面的解释。比如懒是程序员常见的缺点，可以解释一下自己是因为不喜欢重复才让别人觉得自己懒。

1.3 技术相关面试题的准备

扫码
或AR扫触发图（绿色区域）
看视频

对于程序员来说，算法、数据结构和系统设计方面的问题在面试中常常会遇到，而且这些题目在面试中的比重越来越大，面试不再仅仅是针对简历的提问。很多面试者非常担心因为做不出这些题目而被淘汰，因此花费了很多时间来准备。

需要注意的是，在准备这些题目的时候，最好从应聘的职位和自己平时的工作出发，不要花太多时间。面试官出题的目的并不是为难面试者，而是考查面试者能否胜任该职位。不可否认，一些大公司喜欢使用难题来筛选面试者，但是面试并不是考试，并不能保证做出了所有的难题就能得到该职位。

本书从第 03 章开始会介绍一些关键的算法题和系统设计题，并给出容易理解的解法，目的是让面试者不会被常见题目卡住，即使遇到不会的题目也能从平时练习的题目中获得灵感，至少给出一个次优解。

除了本书的题目外，还建议大家使用一些网站和书籍辅助练习。

LeetCode

LeetCode 是推荐最多的算法题练习网站，本书的算法题也都精选自 LeetCode。我认为 LeetCode 有以下几个优点。

1. 测试覆盖率高。在提交代码以后，LeetCode 会跑很多测试来验证代码的正确性，而且很多题目的测试对于极端边界情况、复杂度和性能的要求都有全面的考虑。为了保证代码的正确性，做题目的时候要养成审题的习惯，仔细分析题目的条件范围，不要因为极端案例导致程序失败。

2. 支持的语言比较多和新。LeetCode 会定期更新支持的语言的版本，保证能够利用到最新的语言特性。

3. 讨论内容丰富。LeetCode 现在有中文和英文两个版本，每个版本下的评论都很丰富，通过阅读他人的评论可以加深我们对题目的理解，获得新的思路。

当然，LeetCode 也有一些缺点，比如题目数量太多、不够精练，而与字符串相关的练习题偏少等。

《算法》第四版

这本由 Robert Sedgewick 和 Kevin Wayne 编写的算法书系统地介绍了各种常见的算法。我推荐它的原因是随着互联网的流行，与字符串相关的算法越来越重要，而这本书就专门把字符串列出讲解。

在硬件更新日新月异的情况下，很多因为硬件资源不足而发明出来的经典算法变得越来越不重要。在准备面试的时候应该把更多的精力留给和工作相关的算法，而不是只有面试时才会用到的算法，比如翻转二叉树。

High Scalability

这个网站会更新一些常见网站的系统设计，对于平时除了工作外很难接触到其他系统的程序员来说，它是一个了解不同系统如何设计的很好的网站。推荐面试者在面试前结合自己的分析和网站的结论做一些系统设计的练习。

《程序员面试金典》

这本书是由 CareerCup 创始人编写的，也是本书的灵感来源之一。这本书有更详细的面试场景的分析，以及更多的面试题的讲解。推荐阅读该书的第 01~08 章，这是该书的亮点部分。

1.4 “你是最棒的”

扫码
或AR扫触发图（绿色区域）
看视频

本书的目标是让读者在面试中能够得到面试官的认同，最终目标是让面试官不由地赞叹，“你是最棒的”。希望读者在本书的帮助下，能够高效地准备面试，从而在面试中充分地展现自己。

第02章 面试的本质

大多数人即使参加了很多面试，仍然没有认清面试的本质。这一章我们就来探讨一下面试到底是什么，从而帮助读者以更好的心态准备面试和接受面试的结果。

2.1 “面试”一词的含义

扫码
或AR扫触发图（绿色区域）
看视频

“面谈”多于“面试”

“面试”的英文是 Interview，其本意是面对面谈话，引申为采访、面试等。和“面试”相比,“面谈”是更贴切的说法。

理想的面试场景应该是，面试者和面试官轻松地交流，互相了解。如果面试者紧张，面试官也会帮助他 / 她克服这种紧张情绪，从而展现出最好的一面。

面试和考试的不同

面试并不是考试，相信很多读者从小到大经历了大大小小的许多考试，对考试非常了解。但是面试并不是考试，虽然面试和考试同样都是考查能力，但是面试仍然有很多不同于考试的地方。

1．面试没有标准答案。虽然部分算法题有最佳答案，但是对于面试者来说，并不是给出最佳答案就能像考试拿到高分一样被录取。和最终答案相比，面试官更想考查的是面试者的交流沟通能力和思考过程。在日常工作中，我们将更多的时间花在了探讨需求和接口规范上，所以如果沟通顺利可以达到事半功倍的效果。

2．面试双方是平等的。虽然很多情况下面试官占据面试的主导地位，但是这并不意味着面试官的身份就高些。面试的首要目的是面试双方平等交流，加深对于对方的了解，而不是在面试中争强好胜，证明自己比对方更厉害。

3．面试是双向选择。虽然大多数情况下是面试官挑选面试者，但是面试者也应该坚持自己挑选公司的标准。如果面试者有效地准备面试，积极地投递简历，同时拿到多个录用通知，这样可以在更有利的条件下挑选公司。

了解面试职位

前一章给出了面试者如何准备，以让面试官更好地了解自己的建议，这里再介绍面试者在面试前应该如何了解应聘的职位，毕竟花费了很多精力但最后选择了一个不合适的职位，对面试者来说也是很麻烦的一件事情。

不合适的职位有以下特点，希望面试者在面试前和面试中能够对相关方面进行了解。

1．发挥不出特长。比如面试者擅长处理数据库设计，但是由于公司中有专职的数据库设计人员，或者由于业务的特性，新的职位并不能让面试者继续发挥这方面的特长。此外，由于业务调整，面试者也可能面临工作内容更换，需放弃自己特长的情况。这时就要看面试者自己的职业规划。计算机行业的特点就是变化很快，比如随着互联网的发展，为了满足更大的用户量，很多业务会选择非关系型数据库而不是关系型数据库。技术毕竟是为业务服务的，希望面试者在总结自己擅长哪些技术的同时，多花一些时间总结一下自己擅长解决哪方面的问题，向着“解决方案”专家的方向发展。

2．职业发展不顺利。一方面，很多新职位在不断地被创造出来，但是没过几年热度就会消退，出现供大于求的情况；另一方面，随着技术更新换代，很多旧的职位也在消失。我们在编程的时候提倡“拥抱变化”，在面对行业变化时也应该保持同样的态度。同时公司和所在行业的发展情况也会影响员工的职业发展前景。

3．不适应办公室关系。很多时候我们会发现，面试双方留下的第一印象是非常准确的。面试的一个重要作用就是让面试者提前和未来可能的同事们进行沟通，如果面试的时候沟通不顺畅，很可能意味着未来工作中也需要很长的磨合期，对公司和面试者都不好。面试者在面试中除了和面试官进行相互了解外，还应该了解公司的文化和工作流程，对自己在意的公司文化都应该及时地了解。

现实中并不存在完美的职位，但是提前了解职位的信息有助于面试者做出更好的选择。同时公司除了看重面试者的能力外，也会衡量面试者和职位的匹配度，所以被心仪的公司拒绝时不需要伤心，而是接受职位不适合的情况。

小结

面试是一个相互了解的过程，面试者应该在准备过程中积极地了解目标职位和所在行业，帮助自己做出更好的判断。

这个失败的面试故事不是发生在我身上的，虽然我也有很多可以分享的面试故事，但是并没有这个故事典型，希望可以引起读者更多的思考。

Homebrew作者面试失败的经过

Homebrew 是 Mac OS 上使用最广泛的包管理软件。Mac OS 并没有官方的软件管理系统，用户安装软件需要自行下载或编译，Homebrew 的出现让这个过程变得简单。因为扩展性好，所以 Homebrew 很快就收到了社区贡献的大量常用软件，在 Mac OS 上大多数软件通过 Homebrew 就可以直接安装。从这个方面来看，Homebrew 的作者 Max Howell 的系统设计能力非常强，即使是业界知名公司也会抢着要他。

Howell 同时也是 Twitter 移动客户端 TweetDeck 的首席开发者，然而他在面试谷歌的时候非常不愉快。他把这次经历记录在了 Twitter 上。

在这则动态中，Howell 抱怨说，虽然 90% 的谷歌工程师都用他写的软件（Homebrew），但是因为他没法在白板上翻转二叉树，所以面试失败了。他在回复中进一步提到，虽然面试的是 iOS 开发职位，但是整个面试过程一点都没有问到相关的问题。

这件事引起了广泛的讨论，一方面是因为 Homebrew 的知名度，另一方面则是因为面试的不合理性已经是普遍现象，很多人也借此分享自己在面试中遇到的不合理要求。同时大家也很惋惜，谷歌作为业界数一数二的大公司，在招聘的时候却仍然是原始和粗糙的，不懂得变通。

白板面试

除了当事双方的知名度引起了热烈讨论外，这件事的最大焦点是面试的手段——白板面试。白板面试指的是让程序员站在白板前，完成指定的编码过程，实现面试官提出的要求。在远程面试中，面试官也会使用在线文档等工具强迫程序员使用不熟悉的工具编程，从而达到白板面试的效果。

我反对白板面试，理由是它并不能真正考查面试者的能力。面试者平时并不在白板或在线文档上工作，需要借助熟悉的编辑器或集成开发环境提供语法突显（又称语法高亮）、代码完成和代码跳转等功能，从而能专心地实现功能。

但是白板面试仍然有很多人推崇，他们相信在没有任何辅助手段的情况下，才能体现程序员的真实水平。虽然我们强调企业更倾向招聘合适的人而不是能力强的人，但是显然企业不认为白板面试是不适合的手段。

在当前白板面试占主流的情况下，程序员不可避免地会遇到白板面试。我的建议是把这个过程当作平时探讨代码功能的过程，别忘了面试是你和面试官双人或多人完成的。如果面试官过于强调白板面试的代码正确性，我们只能为这些公司表示遗憾，他们在用错误的方式挑选程序员，因此面试失败的程序员只是运气不好。

本书在介绍算法题的时候会给出一些白板面试的对策，其实这些对策也适合使用工具的编程面试。针对不同的难题，本书会总结出面试者在审题时需要注意的点，需要和面试官探讨的细节，以及如何说明解题思路。做好以上步骤后，只要面试者平时的代码风格优秀，相信白板面试就不会成为障碍。

运气在面试中的重要性

这一面试故事说明，面试中运气占非常大的成分。大家都喜欢大公司，但是大公司有很多不同的项目组，每个项目组有自己不同的文化，每个面试官的风格也不同。如果面试时遇到了不适合的项目组或面试官，那就只能等待下次机会了。

其实 Howell 面试的组是非常适合他的，因为 Howell 本身做的就是 iOS 软件的开发，而他面试的组也正好是 iOS 项目组。Howell 只是不幸遇上了不懂变通的面试官，即使 Howell 面试成功，未来他可能也需要和这位面试官有较长的磨合过程，从这一点来说这个面试失败的最大原因就是双方不合适。

翻转二叉树是个不常见的算法，在处理实际问题时很少需要用到。虽然很多人觉得这一道题很基础，但是我不认为在面试中考查平时不使用的算法是一个好主意，而且这道题除了考查递归以外并没有太多价值。

消除运气影响

如果是一位合格的面试官，在面试者答不出某道算法题的时候，为了消除偶然因素的影响，就应该出一道不同领域的算法题考查面试者的基础，而不是像这个故事中一样直接拒绝面试者。

而面试者在准备面试的时候，建议尽量练习通用的算法，达到举一反三的目的。本书挑选的算法题都是以通用为主，希望读者能真正明白某一道题目，并仔细分析其中的难点，这样再遇到类似的题目时就不会紧张了。本书会使用图形和表格帮助读者分析问题，如果面试者在面试中也能使用同样的方法，就会让面试官更容易理解自己的思路，从而顺利地通过算法题的考验。

小 结

Howell最后去了苹果公司，这说明方向对了也会有好的结局，毕竟不讲道理的面试官不是常见的，被拒绝并不能说明面试者能力差。

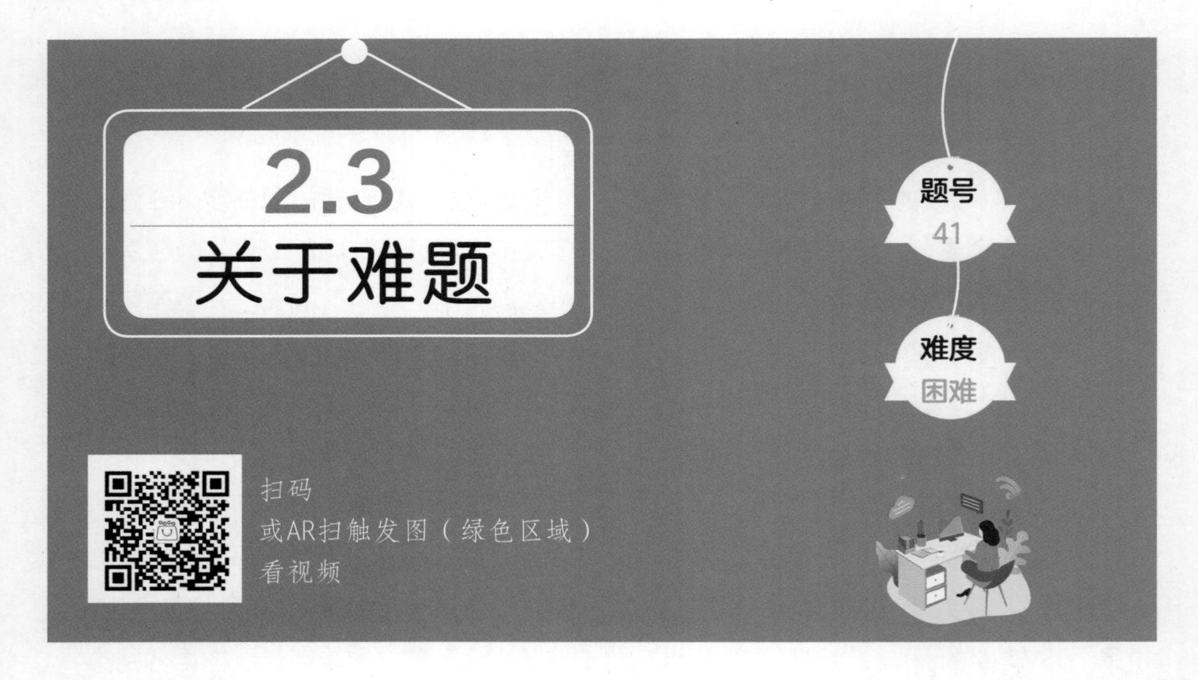

问题描述

很多面试者认为在时间不足的情况下，应该优先练习难题。但是常见的编程练习网站，题目难度划分的标准往往是代码运行使用的时间，而不是按照问题的复杂度。还有一点，难题并不一定通用，比如“缺少的最小的正整数”一题。

给定一个未排序的整数数组，请找出其中没有出现的最小的正整数。

输入: [1, 2, 0]

输出: 3

输入: [3, 4, -1, 1]

输出: 2

输入: [7, 8, 9, 11, 12]

输出: 1

算法的时间复杂度应为$O(n)$，并且只能使用常数级别的额外空间。

不考虑空间复杂度?

不考虑空间复杂度的话，这道题的难度瞬间变得简单了。首先构造一个和输入等长的数组；然后每次遍历输入的数组，把对应下标的值设为 True ；最后返回第一个 False 对应的下标，如代码 2-1 所示。

代码2-1：不考虑空间复杂度，解决缺少的第一个正数问题

```
def firstMissingPositive(nums: List[int]) -> int:
    l = len(nums)
    x = [False]*(l+1)
    # 遍历给定数组，在新构造的数组中相同的下标填入True
    for i in nums:
        if i > 0 and i <= l:
            x[i] = True
    # 检查新构造的数组，返回第一个值为False的下标
    for i in range(1, l+1):
        if not x[i]:
            return i
    # 如果遍历正常结束，返回数组的长度加1
    return l+1
```

空间复杂度为常数?

原题关于空间复杂度为常数的要求，其实在工作中是一个不合理的要求，现在（2020 年），16GB 的服务器内存只要 500 元就能买到，1TB 内存只需要 32000 元左右，这对于企业来说并不是很高的成本。和早期嵌入式系统必须对内存精打细算不同，现在的系统只要不造成内存泄露，多用一些内存并不是太大的问题。

某些算法为了追求节省内存，需要反复对内存进行读写，这其实反而造成了速度的下降。虽然读写内存和 CPU 计算的时间看上去一样，但是现代 CPU 的速度已经远远超过了内存速度。在 2015 年出版的《性能之巅：洞悉系统、企业与云计算》一书中，作者比较了 CPU 和内存的速度，如表 2-1 所示。CPU 的速度已经远远超过内存，内存做一次读写的同时 CPU 可以执行几百条指令，为了节省内存而频繁读写内存只会让程序的性能下降。

表 2-1　CPU、CPU 缓存和内存的延时比较

事件	延时（ns）	相对时间比例
1 个 CPU 周期	0.3	1 s
L1 缓存访问	0.9	3 s
L2 缓存访问	2.8	9 s
L3 缓存访问	12.9	43 s
主存访问（从 CPU 访问 DRAM）	120	6 min

现代 CPU 为了快速读写数据，还提供了 L1、L2 和 L3 三层缓存，为了充分利用三层缓存加快执行速度，程序的数据应该多利用连续的内存。这意味着程序应该多使用数组和哈希表等数据结构，而不是链表和树等内存不连续的数据结构。

编程的首要任务是完成功能，而不是一味地节约内存。如果因为一味地节约内存或追求高性能计算而忽略了编码的规范性，那么不只会造成未来维护代码更困难，也会使得后续利用一些优化手段（如 GPU 加速）变得困难。

本章总结

本章梳理了面试的本质，并分析了著名程序员面试失败的故事，希望读者能够以平常心看待面试，更有针对性地准备面试。

扫码看视频

第03章

求和问题

求和问题是子集求和问题的简称，即给定一个整数集合，找出是否存在非空子集，使得子集中的数字和为某个特定值。

这类问题相对简单，因此适合作为学习算法的切入点，合理地使用哈希表或指针技巧可以实现空间换时间的效果，从而写出合格的代码。

问题描述

给定一个整数数组 nums 和一个目标值 target，请你在该数组中找出和为目标值的那两个整数，并返回它们的数组下标。

你可以假设每种输入有且只有一个答案，而且不能两次使用数组中的同一元素。

示例

给定nums = [2, 3, 5, 0, 1], target = 6

返回 [2, 4]

题目解析

看到题目后，第一步需要做的是审题，仔细分析问题描述中的关键用语。

给定一个整数数组和一个目标值。

数组中的元素和目标值的范围分别是什么？没有限定则是全部整数。

在该数组中找出和为目标值的两个整数。

规定了必须是两个整数的和，少于两个或多于两个都不可以。

返回它们的数组下标。

看清要求，返回的是下标而不是值。

初始解法

遍历方法虽然慢，但是直观易用，而且不会出错。遍历每一种下标组合，如果下标对应的两个整数的和等于目标值，则返回下标，否则继续，该过程如图 3-1 所示。集合中两个元素的组合有 $n(n-1)/2$ 种，时间复杂度 $O(n^2)$。

遍历的参考代码如代码 3-1 所示。

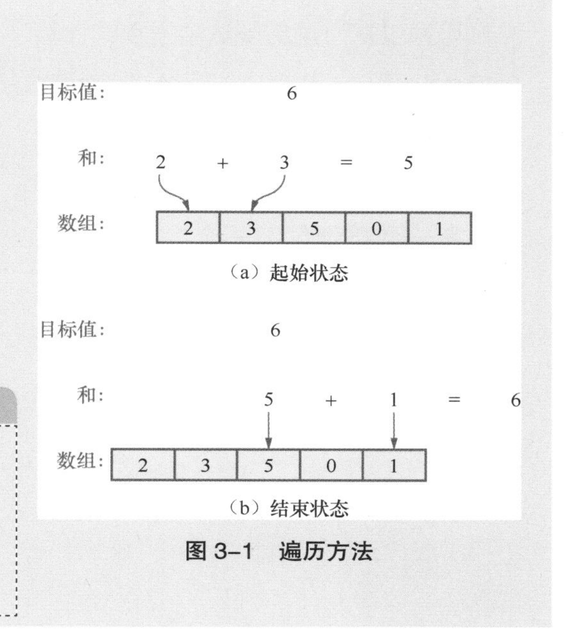

图 3-1 遍历方法

代码3-1：两数求和问题——初始解法

```
def two_sum(nums: List[int], target: int):
    for i in range(0, len(nums)-1):
        for j in range(i+1, len(nums)):
            if num[i] + num[j] == target:
                return [i, j]
    return []
```

假设每种输入有且只有一个答案。

只要找到一个组合就可以返回，而且必定有一个答案。

不能两次使用数组中的同一元素。

在遍历的时候需要跳过同一下标的元素。

优化解法1

可通过找出遍历解法中重复的计算项来优化解法，也就是把每次的两两求和变成先求出目标值和当前外部值的差，再和当前值做比较，如果一致则返回，不一致则继续下一个。内部循环结束后则进行下一轮外部循环。该过程如图 3-2 所示。虽然该解法的时间复杂度仍然为 $O(n^2)$，但是减少了求和运算。

优化后的参考代码如代码 3-2 所示。

代码3-2：两数求和问题——优化解法1

```
def two_sum(nums: List[int], target: int):
    for i in range(len(nums)-1):
        remain = target - num[i]
        for j in range(i+1, len(nums)):
            if num[j] == remain:
                return [i, j]
    return []
```

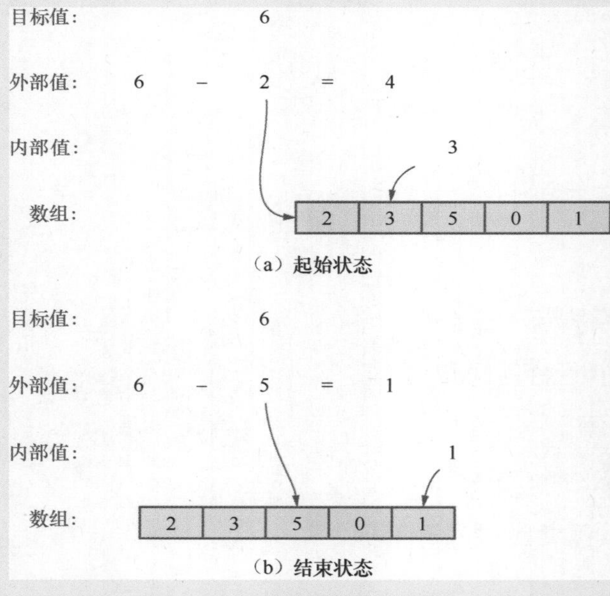

图 3-2 优化求和后的遍历方法

优化解法2

哈希表是常见的数据结构，因为其插入和查找的速度很快，所以常常被作为临时数据结构以保存当前计算的结果，从而节约时间。

使用哈希表可进一步优化解法。将每个元素和目标值的差作为键，下标作为值保存在哈希表中。每次使用当前下标对应的值查找哈希表，有结果则说明当前下标的值和哈希表中的下标满足题目要求，没有结果则保存新的键值对到哈希表并继续下一个查找。该过程如图 3-3 所示，时间复杂度为 $O(n)$。

哈希表的参考代码如代码 3-3 所示。

代码3-3：两数求和问题——优化解法2

```
def two_sum(nums: List[int], target: int) -> List[int]:
    d: Dict[int, int] = {}
    for i, n in enumerate(nums):
        if n in d:
            return [d[n], i]
        d[target - n] = i
    return []
```

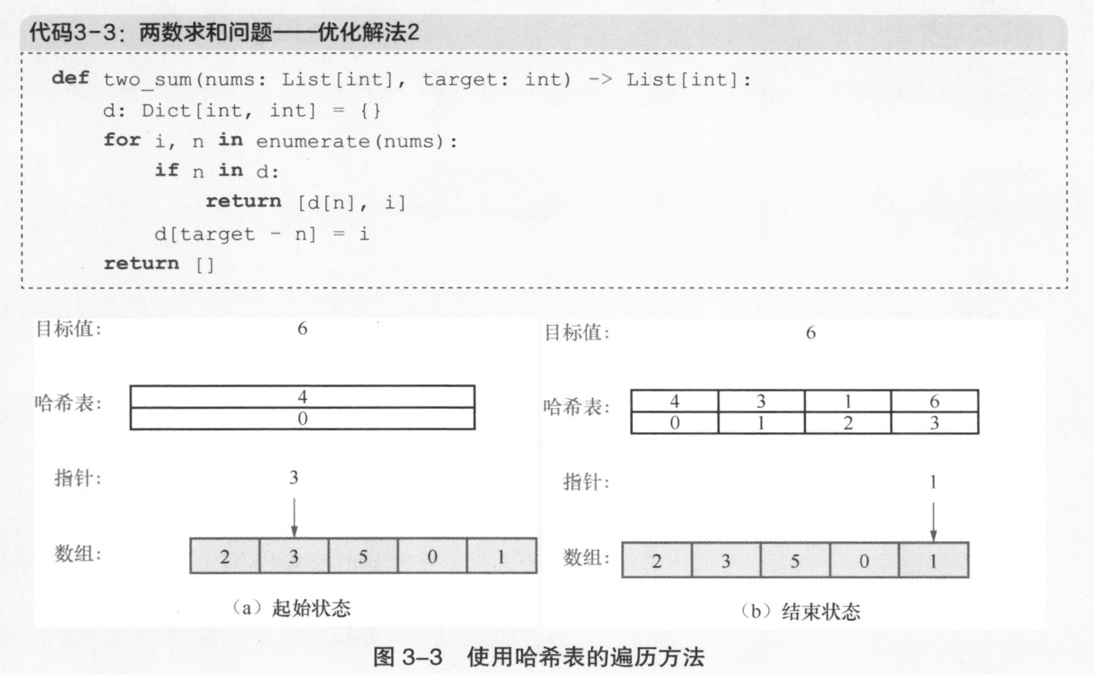

图 3-3　使用哈希表的遍历方法

小 结

做题的时候，首先应该使用比较“笨”但是正确的方法给出解决问题的思路和代码。然后可以通过找出重复的计算项目，给出优化的解法。哈希表作为读取和写人都很快速的数据结构，经常用来实现空间换时间的效果，本题中我们使用哈希表把时间复杂度优化到了 $O(n)$。

问题描述

给定一个按升序排列的有序数组，找到两个下标使得它们的对应元素之和等于目标值。

你可以假设每种输入有且只有一个答案，而且不能两次使用数组中的同一元素。

给定 nums = [0, 1, 2, 4, 5], target = 3

返回 [1, 2]

初始解法

升序数组的特性是可以使用二分查找算法来快速地找到我们需要的值。从第一个元素开始，使用二分查找目标值和当前值的差，找到则返回，没有找到则继续，时间复杂度为 $O(n\log n)$。

二分查找的参考代码如代码 3-4 所示。

代码3-4：两数求和问题——升序数组——初始解法

```
for i in range(0, len(nums)-1):
    remain = target - nums[i]
    j = bisect_left(num, remain, i)
    if j != len(nums) and nums[j] == remain:
        return [i, j]
return []
```

优化解法

另一种在升序数组中常常使用的方法叫作指针技巧，这种方法的过程描述如下。

首先取数组的最左和最右两个值，相加后和目标值比较，如果相等则返回，如果不相等则按照规则移动指针：

· 如果和大于目标值，则右边指针向左移动一位；

· 如果和小于目标值，则左边指针向右移动一位。

直到找到满足条件的结果，或左右指针相邻。指针技巧的时间复杂度为 $O(n)$。该过程如图 3-4 所示。

指针技巧的参考代码如代码 3-5 所示。

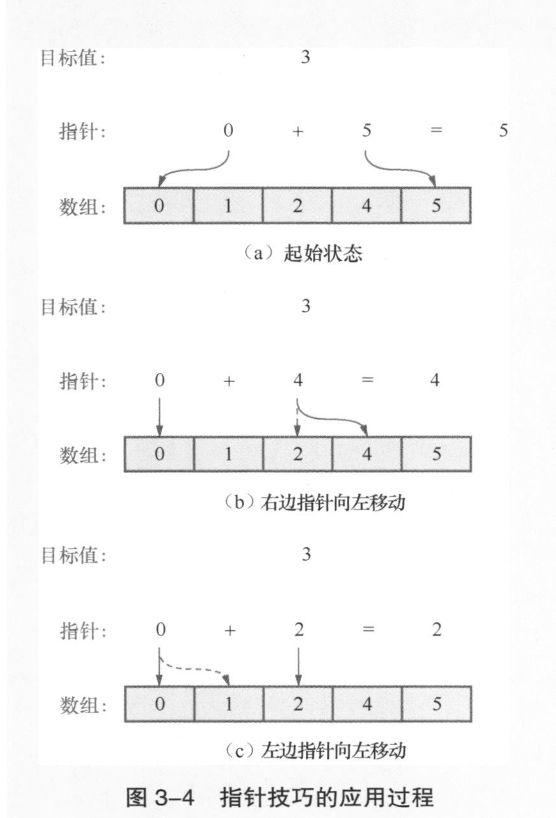

图 3-4　指针技巧的应用过程

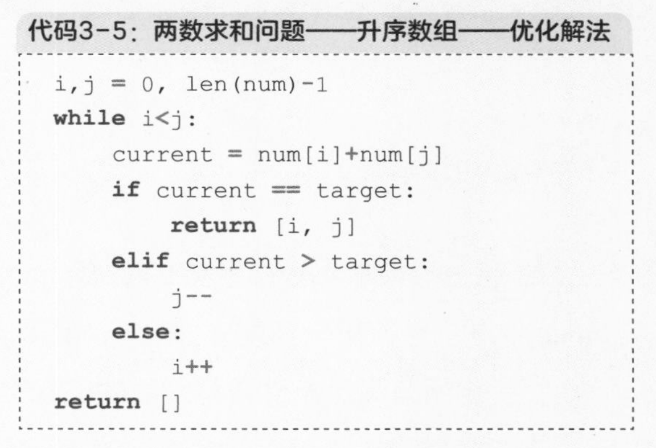

代码3-5：两数求和问题——升序数组——优化解法

```
i,j = 0, len(num)-1
while i<j:
    current = num[i]+num[j]
    if current == target:
        return [i, j]
    elif current > target:
        j--
    else:
        i++
return []
```

小结

对于升序数组，我们一般会想到使用二分查找算法，但是使用指针技巧是一种在时间复杂度和空间复杂度上都更加优化的解法，请读者熟练掌握。

问题描述

给定一个包含 n 个整数的数组 nums，判断 nums 中是否存在三个元素 a、b、c，使得 $a + b + c = 0$？找出所有满足条件且不重复的三元组。

注意：答案中不可以包含重复的三元组。

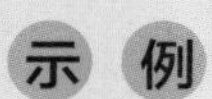


```
给定数组 nums = [ -1, 0, 1, 2, -1, -4]，
满足要求的三元组集合为：
[
    [-1, 0, 1],
    [-1,-1, 2]
]
```

题目解析

这是一道白板面试题，下面是在白板上开始写代码前的一些准备工作。白板面试最重要的并不是在白板上写下的代码，而是通过这个过程展示出自己平时沟通了解需求、解决问题的方法与能力。

思考方向

准确性：除了示例外还需要哪些测试用例。

效率：时间复杂度是

白板编写

$O(n^2)$ 吗?

沟通：n 的取值范围是什么？数组的取值范围是什么？

从沟通开始

编写一个循环，每次固定一个值，题目变成了 n 个两数求和问题。两数求和问题的时间复杂度是 $O(n)$，所以总的时间复杂度是 $O(n^2)$。

接下来解决准确性的问题。

考虑准确性

使用哈希表 /set，存入时会排除重复项。

考虑效率

对于 [0,0,0,⋯，0]，不加筛选总共会有 $O(n^3)$ 个结果，需要对数组预先排序，在循环的时候跳过重复项。

排序的时间复杂度是 $O(n \log n)$，比最终的低。

思路总结

- 使用排序的方法确保不出现重复项。
- 总时间复杂度是 $O(n^2)$。
- 写出一些极端例子帮助自己理解。

编写外部框架

首先编写外部框架的代码，如代码 3-6 所示，需要注意以下两点。

- 根据需要决定是否改变传入的数组。
- 循环终止条件要编写正确。

代码3-6：编写外部框架

```
def three_sum(nums:List[int]) -> List[List[int]]:
    nums.sort()
    result = []
    i = 0
    while i < len(nums)-2:
        target = -nums[i]
        # 内部
        i = skip_dup(i, nums)
    return result

def skip_dup(i: int, nums: List[int]) -> int:
    # TODO
```

编写内部细节

接下来编写内部的细节，如代码 3-7 所示。结合测试用例记录内部状态，保证不会漏掉也不会重复，比如 [−1, −1,−1, 2] 和 [−2,1, 1, 1]。skip_dup 可保证外部循环不重复。

代码3-7：编写内部细节

```
h = {}
j = i+1
while j < len(nums):
    current = nums[j]
    if current in h:
        result.append([nums[i], h[current],
              nums[j]])
        # TODO next j
    else:
        h[target-current] = current
        # TODO next j
```

正确性

进行白板编写的时候因为不能真正执行代码，为了让自己和面试官验证代码的正确性，可以使用 3.2 节展示的状态图的方式验证以下测试用例：[0，-1，-1，1]、[-2, 1, 1, 1, 1]、[0, 0, 0, …, 0]。

编写跳过重复值函数

如果时间充裕的话，可以继续编写 skip_dup 函数，完成代码的编写，如代码 3-8 所示。如果时间不够的话，面试官也已经通过前面的代码编写对我们的思路有了足够的了解，有没有完成并不重要。

代码3-8：跳过重复值函数

```
def skip_dup(i: int, nums: List[int]) -> int:
    n = i+1
    while n < len(nums) and nums[n] == nums[i]:
        n = n+1
    return n
```

优化空间复杂度

假设面试者不熟悉指针技巧，或者面试的时候忘记了，有可能需要在面试官的提示下利用指针技巧编写更优化的代码。面试官可能给出以下提示。

· 给定两个指针，放在哪里？

· 放在一头一尾，如何移动？

移动指针

可以将指针全部移动到最左和最右，并和初始值进行比较，看看能不能找出一些规律。过程如图 3-5 所示。

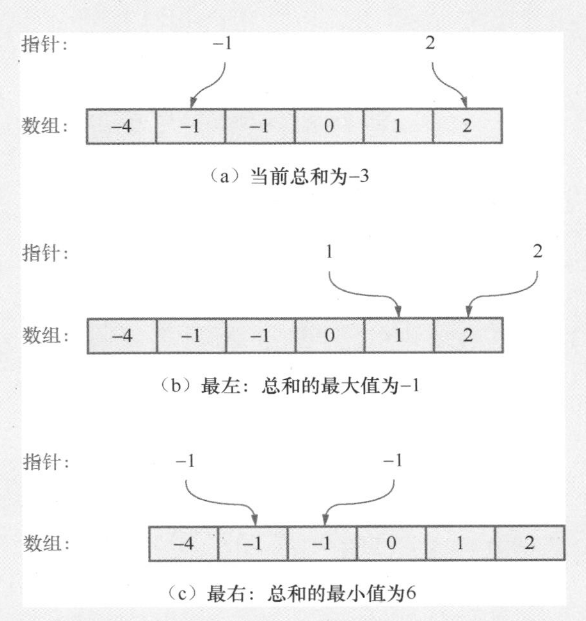

图 3-5 指针在不同位置时总和的变化

扫码看视频

小结

在白板面试的时候最好按照以下步骤，有条不紊地进行，力求向面试官展示自己做事严谨、代码质量高的形象。

- 首先需要严谨审题，和面试官沟通题目中不够详细的地方以及自己的初步思路。
- 编写函数的时候注意函数输入输出的类型，然后再实现。
- 如果时间不够不重要的函数甚至可以不写，但是写在白板上的代码需要足够清晰。
- 写代码的时候可以相信自己的直觉，先写出来再验证它！
- 平时多练习不同类型的题目，在面试的时候思路才会更发散。

问题描述

给定一个包含 n 个整数的数组 nums 和一个目标值 target，判断 nums 中是否存在四个元素 a、b、c 和 d，使得 $a+b+c+d$ 的值与 target 相等？找出所有满足条件且不重复的四元组。

注意：答案中不可以包含重复的四元组。

示例

给定数组 nums = [1, 0, -1, 0, -2, 2] 和 target = 0。

满足要求的四元组集合为：

```
[
    [-1, 0, 0, 1],
    [-2, -1, 1, 2],
    [-2, 0, 0, 2]
]
```

推荐解法

指针技巧回顾

前提条件：数组已经按升序排列。

首先取最左和最右两个值，相加后和目标值比较，按照如下规则移动指针。

· 如果和与目标值相等，则将结果存入返回值，且左边指针和右边指针同时向中间移动。

· 如果和大于目标值，则右边指针向左移动。

· 如果和小于目标值，则左边指针向右移动。

直到左右指针相邻，返回收集到的结果，时间复杂度为 $O(n)$，过程如图 3-6 所示。

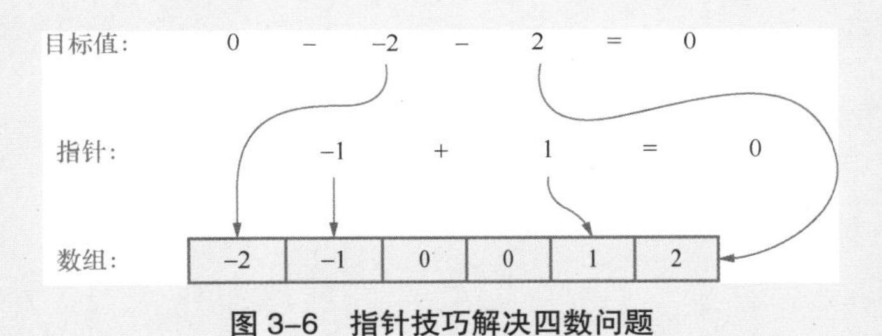

图 3-6 指针技巧解决四数问题

代码编写

先把问题转化为三数求和以及两数求和，再使用指针技巧查找，时间复杂度为 $O(n^3)$。

四数求和的参考代码如代码 3-9 和代码 3-10 所示。

代码3-9：外部循环

```
def four_sum(self, nums: List[int], target: int) -> List[List[int]]:
    nums.sort()
    result = []
    i = 0
    while i < len(nums) - 3:
        j = len(nums) - 1
        while j > i:
            # 内部循环
        i = move(i, nums, 1)
    return result
```

代码3-10：内部循环

```
k, l = i + 1, j - 1
while k < l:
    if (s := nums[k] + nums[l]) == remain:
        result.append([nums[i], nums[k], nums[l], nums[j]])
        k, l = move(k, nums, 1), move(l, nums, -1)
    elif s > remain:
        l -= 1
    else:
        k += 1
j = move(j, nums, -1)
```

小结

四数求和问题是三数求和问题的简单升级，只要仔细编写循环代码就不会出错，是进一步练习并掌握指针技巧的好题目。

本章总结

本章从最简单的两数求和开始，逐渐增加难度到三数求和、四数求和。在这个过程中我们学习了如何利用哈希表和指针技巧优化代码，熟练掌握以后甚至可以直接写出优化后的代码。

扫码看视频

第 04 章

斐波那契数列

斐波那契数列由意大利人斐波那契（Leonardo Fibonacci）最早研究，他使用这个数列描述兔子繁殖的数目：

- 第一个月初有一对刚诞生的兔子
- 第二个月之后（第三个月初）它们可以生育
- 每月每对可生育的兔子会诞生下一对新兔子
- 假设兔子永不死去

每月兔子对的数量就是斐波那契数列，数列的前 10 项是 0、1、1、2、3、5、8、13、21、34，从第三项开始，每一项都是前两项之和。

本章将介绍不同的方法来生成斐波那契数列，并使用这些方法解决其他相似的问题。

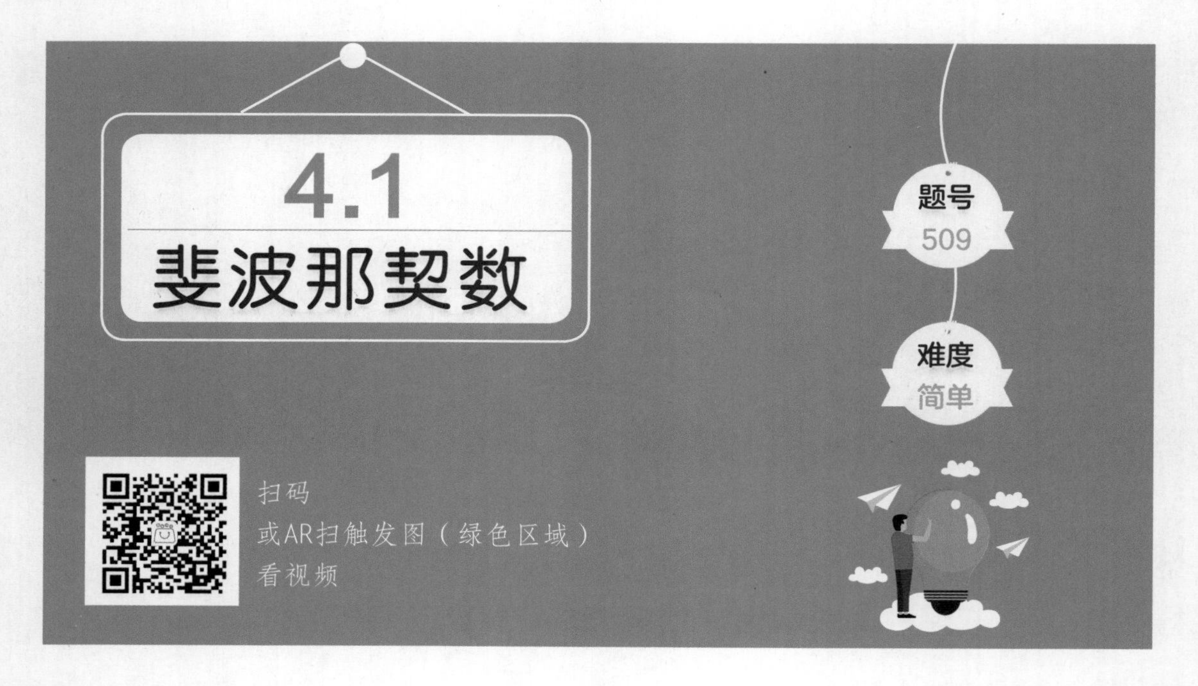

问题描述

斐波那契数，通常用 $Fib(n)$ 表示，形成的序列称为斐波那契数列。

该数列的前两项为 0 和 1，后面的每一项都是其前面两项数字的和，数学表达式为

$$Fib(n)=\begin{cases}0, & n=0\\1, & n=1\\Fib(n-1)+Fib(n-2), & \text{其他}\end{cases}$$

给定 n，计算 $Fib(n)$。

初始解法

使用条件判断可以很快地写出递归方法的代码，参考代码如代码 4-1 所示。

代码4-1：斐波那契数列——递归方法

```
def fib(n: int) -> int:
    if n == 0:
        return 0
    elif n == 1:
        return 1
    else:
        return fib(n - 1) + fib(n - 2)
```

扩展知识：复杂度分析

使用递归方法计算的时候，有非常多的重复过程，整个计算过程如图 4-1 所示。

可以发现，整个计算过程的数量正好就是 $Fib(n)$ 的值，这个值随着 n 的增长是指数增长的。而占用的空间由于临时变量的存在也是 n 的指数，因此整个计算过程是非常低效的。

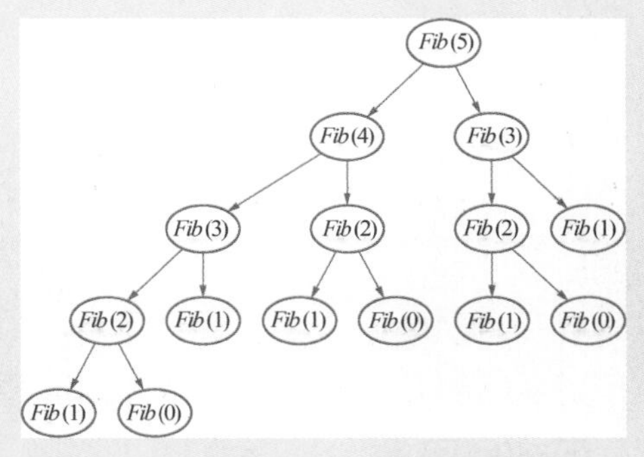

图 4-1　计算 $Fib(5)$ 的递归计算过程

优化解法

构造一个长度为 $n+1$ 的数组，如表 4-1 所示，使得数组的第 n 个元素等于 $Fib(n)$，这样在计算 $Fib(n)$ 的时候，$Fib(n-1)$ 和 $Fib(n-2)$ 可以直接查表而得，不会重复计算。

表 4-1　斐波那契数组

0	1	2	3	4	5	6	7
0	1	1	2	3	5	8	13

使用数组的参考代码如代码 4-2 所示。

该解法的时间复杂度和空间复杂度均为 $O(n)$。

这个填入数组的过程就是一个典型的动态规划法，通过构造临时的数据表减少了大量的重复计算。随着计算机内存越来越大，“浪费”一些内存是很常见，更何况这种计算方法相比递归方法反而节省了内存。

代码4-2：斐波那契数列——使用数组

```
a = [0] * (n + 1)
a[1] = 1
for i in range(2, n + 1):
    a[i] = a[i - 1] + a[i - 2]

return a[n]
```

小结

使用动态规划法，在时间复杂度和空间复杂度为 $O(n)$ 时生成了斐波那契数列。

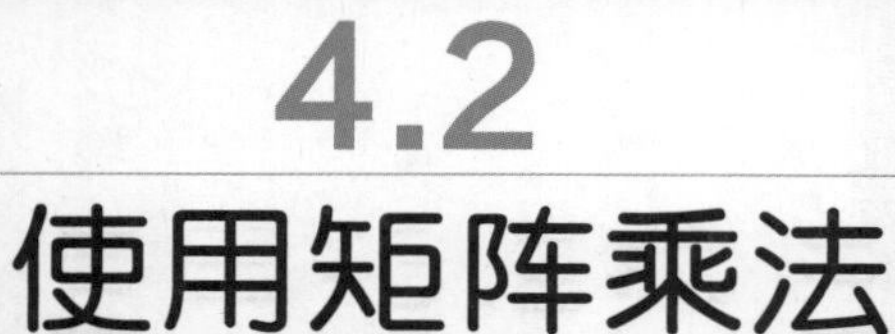

4.2 使用矩阵乘法

扫码
或AR扫触发图（绿色区域）
看视频

题目解析

矩阵乘法

设 $\boldsymbol{A}$ 是 $n\times m$ 的矩阵，$\boldsymbol{B}$ 是 $m\times p$ 的矩阵，则它们的矩阵积 $\boldsymbol{AB}$ 是 $n\times p$ 的矩阵。$\boldsymbol{AB}$ 中的每一个元素的取值方法为：矩阵 $\boldsymbol{A}$ 中对应行的 m 个元素每一个与矩阵 $\boldsymbol{B}$ 中对应列的 m 个元素对应相乘，并求总和。数学表达式为

$$\begin{bmatrix} a_{11} & a_{12} \\ a_{21} & a_{22} \end{bmatrix} \times \begin{bmatrix} b_{11} \\ b_{21} \end{bmatrix} = \begin{bmatrix} a_{11}b_{11} + a_{12}b_{21} \\ a_{21}b_{11} + a_{22}b_{21} \end{bmatrix}$$

斐波那契数列的矩阵表示

首先将斐波那契数列相邻两项组合成一个数组，可以根据如下递归公式得到该数组每一项与上一项的关系。

$$\begin{bmatrix} Fib(n) \\ Fib(n-1) \end{bmatrix} = \begin{bmatrix} Fib(n-1)+Fib(n-2) \\ Fib(n-1) \end{bmatrix} = \begin{bmatrix} 1 & 1 \\ 1 & 0 \end{bmatrix} \times \begin{bmatrix} Fib(n-1) \\ Fib(n-2) \end{bmatrix} = \begin{bmatrix} 1 & 1 \\ 1 & 0 \end{bmatrix}^{n-1} \times \begin{bmatrix} 1 \\ 0 \end{bmatrix}$$

因为初始值好是 [1, 0]，$Fib(n)$ 就是单位数组的 $n-1$ 次幂的第（0，0）个元素。

推荐解法

Python 中并没有内置的矩阵运算方法，我们需要借助非常流行的数值计算工具 Numpy，参考代码如代码 4-3 所示。

代码4-3：斐波那契数列——矩阵乘法

```python
import numpy as np
import numpy.linalg as lin


def fib(n: int) -> int:
    a = np.array([1, 1, 1, 0], dtype=np.int64)
    a = a.reshape(2, 2)
    return lin.matrix_power(a, n - 1)[0, 0]
```

扩展知识：整数的限制

Python 经常被人诟病的一点是速度慢，尤其是在计算斐波那契数列等常见的编程语言性能测试中。但是，使用 Numpy 偶尔会发现结果并不符合预期。这里就需要提到 Python 中整数类型的特殊性。

C 语言中的 int 类型只会占用 4 字节 32 位空间，我们这里使用的是 int64 类型，对应 C 语言的 long long 类型，上限是 9 223 372 036 854 775 807，在计算 $Fib(93)$ 的时候就会超出长度限制。和 C 语言不同，Python 的整数是没有长度限制的，如果超出了 64 位，Python 仍然会正确地计算。

可以对比 Numpy 实现的 fib 方法，和使用动态规划法和标准整数的方法来观察这个现象。

```
>>> fib_numpy(92)
7540113804746346429
>>> fib_numpy(93)
-6246583658587674878
>>> fib(92)
7540113804746346429
>>> fib(93)
12200160415121876738
```

如果不使用 Numpy，使用 Python 内置的不限制长度的整数类型，虽然运行结果正确，但在与 C 语言等程序对比的时候会显得速度很慢。

小结

使用矩阵乘法计算斐波那契数列，需注意整数的长度。

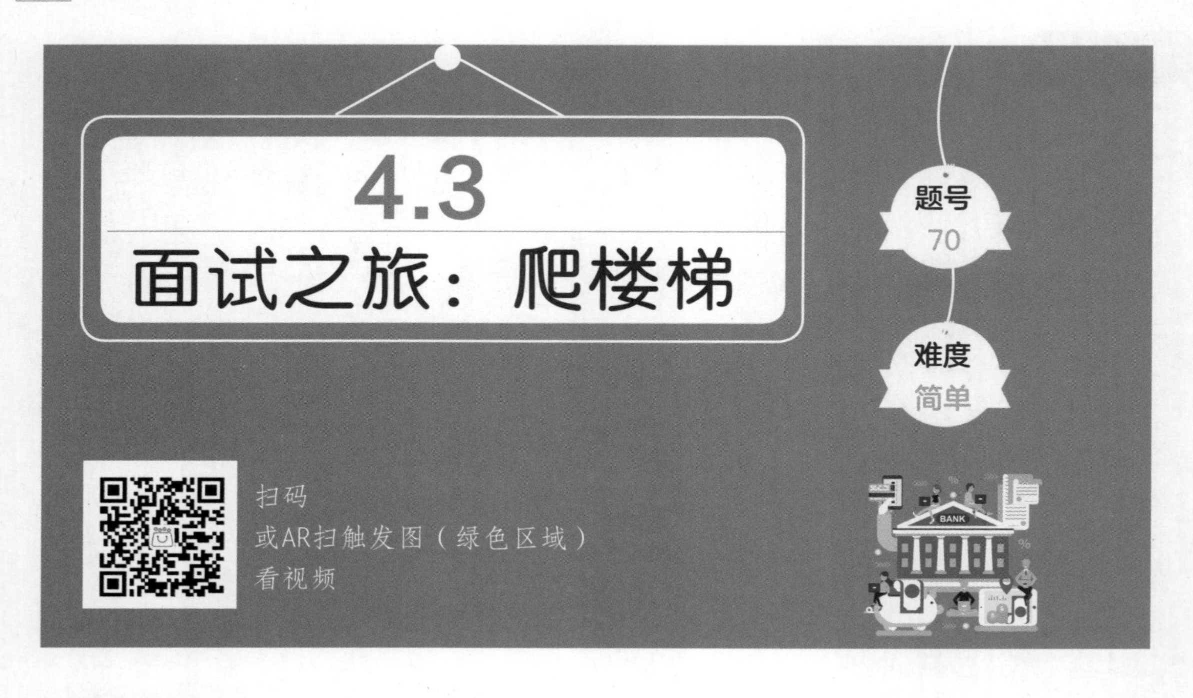

问题描述

假设你正在爬楼梯。楼梯总共有 n 级台阶（阶），n 为正整数。

每次你可以爬 1、2 或 3 级台阶。你有多少种不同的方法可以爬到楼顶呢？

输入：2
输出：2
解释：有两种方法可以爬到楼顶。
1. 1级 + 1 级
2. 2级

输入：3
输出：4
解释：有四种方法可以爬到楼顶。
1. 1 级 + 1 级 + 1 级
2. 1 级 + 2 级
3. 2 级 + 1 级
4. 3 级

题目解析

假设 $Step(n)$ 函数代表到楼顶的方法，根据题目：

· 第 n−1 级台阶爬 1 级，

· 第 n−2 级台阶爬 2 级，

· 第 n−3 级台阶爬 3 级，

均可以到达第 n 级台阶。

递归表达是

$$Step(n) = Step(n-1) + Step(n-2) + Step(n-3)$$

对比$Fib(n) = Fib(n-1) + Fib(n-2)$，可以很容易地使用动态规划法和矩阵乘法得到解。

白板编写

动态规划法

虽然递归方法写起来很快，但是如图 4-1 所示的计算过程在时间和空间上的效率都很差，所以我们尝试动态规划法。

首先构造长度为 n+1 的数组，并填入数组最前面的 4 个值，如表 4-2 所示。

表 4-2　前 4 个值

0	1	2	3
1	1	2	4

然后仿照斐波那契数列编写代码，参考代码如代码 4-4 所示。

代码4-4：爬楼梯——动态规划法

```
def climb_stairs(n: int) -> int:
    a = [1] * (n + 1)
    a[2] = 2

    for i in range(3, n + 1):
      a[i] = a[i - 1] + a[i - 2] + a[i - 3]

    return a[n]
```

也可以使用 Numpy 提供的矩阵乘法来解决，其时间复杂度和空间复杂度均为 $O(n)$，参考代码如代码 4-5 所示。

代码4-5：爬楼梯——矩阵乘法

```
import numpy as np
import numpy.linalg as lin


def climb_stairs(n: int) -> int:
    a = np.array([1, 1, 1, 1, 0, 0, 0, 1, 0], dtype='int64')
    a = a.reshape(3, 3)
    return lin.matrix_power(a, n)[0, 0]
```

小 结

得到$Step(n)$与$Step(n-1)$、$Step(n-2)$、$Step(n-3)$之间关系的过程叫作分解成子问题的过程，分解成功就会很快找到思路。

本 章 总 结

矩阵乘法的优势在于其获得了广泛的研究，对于底层执行的优化十分成熟，常见的就有OpenBLAS、LAPACK等底层实现。

扫码看视频

近年来GPU计算越来越流行，利用Numba等可以将Numpy代码转换为可以在GPU上执行的代码。

矩阵在图像处理和机器学习等领域也有广泛的应用，常见的图算法大多是利用矩阵实现的。

第 05 章

动态规划法

在第 03 章和第 04 章，我们看到了如何用动态规划法计算求和问题和斐波那契数列，本章则通过几道问题的练习让读者彻底掌握动态规划法。

动态规划法是把问题不断拆分成子问题的方法，在拆分过程中对于每个子问题都使用同样的计算过程，并保持最优解法。

回顾一下求解斐波那契数列的过程，我们把求解 $Fib(n)$ 的中间阶段，$Fib(n-1)$ 和 $Fib(n-2)$ 的时间复杂度和空间复杂度都保持为 $O(n)$，从而最终结果也保持在 $O(n)$。很多递归解法复杂度比较高的问题都可以使用类似的思路来解决。

问题描述

给定一个整数数组 nums，找到该数组中连续子数组（子数组至少包含一个元素）的和的最大值，返回该最大值。

> 输入：[-2, 1, -3, 4, -1, 2, 1, -5, 4]
>
> 输出：6
>
> 解释：连续子数组 [4, -1, 2, 1]的和最大，为 6。

题目解析

这一题最直观的方法就是遍历所有的 (m, n) 的组合，对数组中下标从 m 到 n 的元素求和，最后取得最大值，总共有$\binom{n}{2}$种组合。因为求和运算的时间复杂度为 $O(n)$，最终时间复杂度会达到 $O(n^3)$。显然我们需要更巧妙的方法。

我们先尝试模仿解决斐波那契数列的方法，构造一个数组保存至当前下标的连续子数组和的最大值。

初始解法（警告：有错）

首先对于只有一个元素的数组 [n]，由于题目要求子数组至少包含一个元素，结果只能是 n。接下来我们要寻找从一个元素的数组扩展到多个元素的数组的方法。

定义子问题

我们常常说，**定义一个问题要难于解决问题**。对于动态规划法，最难的部分往往是找到转化为子问题的方法。这道题不像斐波那契数列，直接告诉我们 $Fib(n)$ 与 $Fib(n-1)$ 和 $Fib(n-2)$ 的关系，需要自己推导。

如图 5-1 所示，首先把数组分为两个子数组 nums[1:n−1] 和 [nums[n]]，我们知道后者的最大子序列和就是 nums[n]。

假设 nums[1:n−1] 的最大子序列和是 maxSub(n−1)，那么 nums[1:n] 的最大子序列和有 3 种选择，如图 5-2 所示。

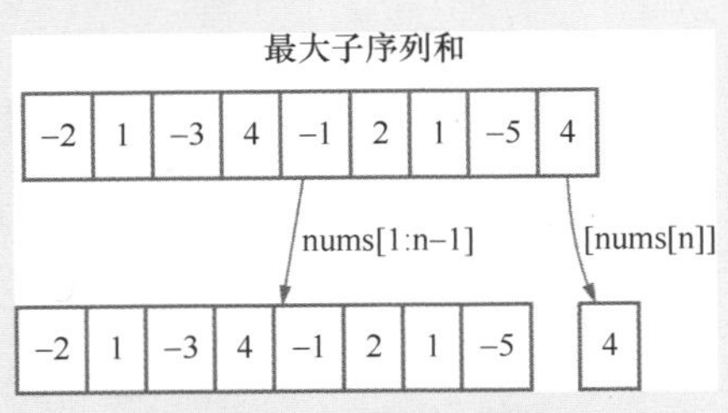

图 5-1　分解成子问题

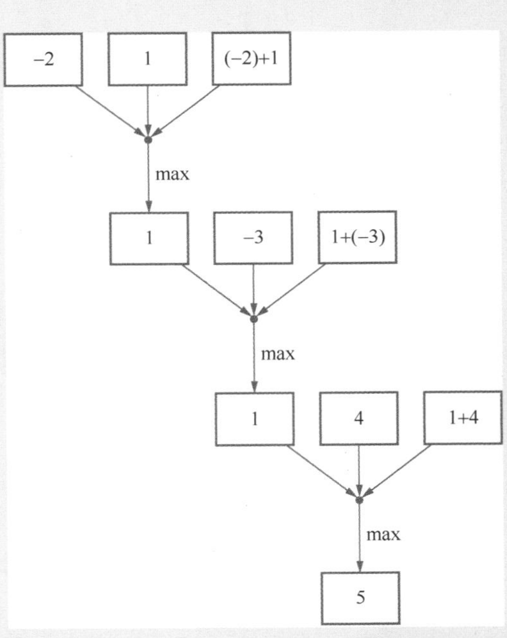

图 5-2　计算 [−2，1，−3，4] 最大子序列和的步骤

· 使用 nums[1:n−1] 的结果，即 maxSub(n−1)。

· 使用 [nums[n]] 的结果，即 nums[n]。

· 结合两者的结果，即 maxSub(n−1)+nums[n]。

我们取最大值为 maxSub(n)，看看最终的结果。

最大子序列和的初始解法参考代码如代码 5-1 所示。

代码5-1：初始解法

```
def max_sub_array(nums: List[int]) -> int:
    # 构造和目标数组一样长度的数组
    r = nums.copy()
    for i in range(1, len(nums)):
        r[i] = max(nums[i], r[i - 1], nums[i] + r[i - 1])
    # 打印maxSub数组，供检查
    print(r)
    return r[len(r) - 1]
```

输出结果如下：

```
# 期望结果 6
>>> max_sub_array([-2, 1, -3, 4, -1, 2, 1, -5, 4])
[-2, 1, 1, 5, 5, 7, 8, 8, 12]
12
```

糟糕！程序给出了错误的结果。通过打印中间数组的值，可以看出 12 这个结果来自 1+4+2+1+4，[1，4，2，1，4] 并非连续的子数组，所以下一步我们要修正这个错误。

在这里我们使用程序验证了初始解法是错误的，很多读者不需要程序的辅助就能想到算法的问题所在。这里用这个简单的例子只是想说明出错也是编程的一部分，日常工作中很多错误并不像这个例子一样可以立刻看出来。在面试中同样不应该强求自己立刻拿出正确的解法，可以先写下初始解法再通过程序或图表的辅助发现错误。

优化解法

回顾初始解法中计算当前连续子数组和的最大值时，做比较的 3 种取值：

· 使用 nums[1:n−1] 的结果，即 $maxSub(n-1)$；

· 使用 [nums[n]] 的结果，即 nums[n]；

· 结合两者的结果，即 $maxSub(n-1)$ +nums[n]。

我们注意到，当采用第一种取值的时候，$maxSub(n-1)$ 并不能和后面的数组连接上，所以构造的数组只应该保存包含第 n 个元素的子数组和的最大值，最后对该数组取最大值即为最终结果。这个逻辑可以进一步简化为判断 $maxSub(n-1)$ 是否大于 0，修正后的过程如图 5-3 所示。

优化解法的参考代码如代码 5-2 所示。

代码5-2：优化解法

```
def max_sub_array(nums: List[int]) -> int:
    # 构造和目标数组一样长度的数组
    r = nums.copy()
    for i in range(1, len(nums)):
        # 如果max_sub[i-1]大于零，则填入max_sub[i-1]，
        # 否则为nums[i]
        if r[i - 1] > 0:
            r[i] += r[i - 1]
    # 打印maxSub数组，供检查
    print(r)
    return max(r)
```

输出结果如下：

```
# 期望结果 6
>>> max_sub_array([-2, 1, -3, 4, -1, 2, 1, -5, 4])
[-2, 1, -2, 4, 3, 5, 6, 1, 5]
6
```


图 5-3　计算 [−2，1，−3，4] 最大子序列和的正确步骤

这一次得到了正确的结果，通过对中间数组的观察，我们也能看出最大值确实是 [4, −1, 2, 1] 这个连续子数组的和。

小 结

这一小节仍然使用动态规划法来解决最大子序列和的问题，需要注意的是，虽然同样利用了一个中间数组，但是这个中间数组有着不同的含义。

动态规划法是一种思想，而不是一个死板的“构造数组→填入数组→得到结果”的过程，平时在练习算法题的时候万万不可生搬硬套。同时也说明正确地为对象命名和恰当的注释，对于理解算法的过程是多么的重要。

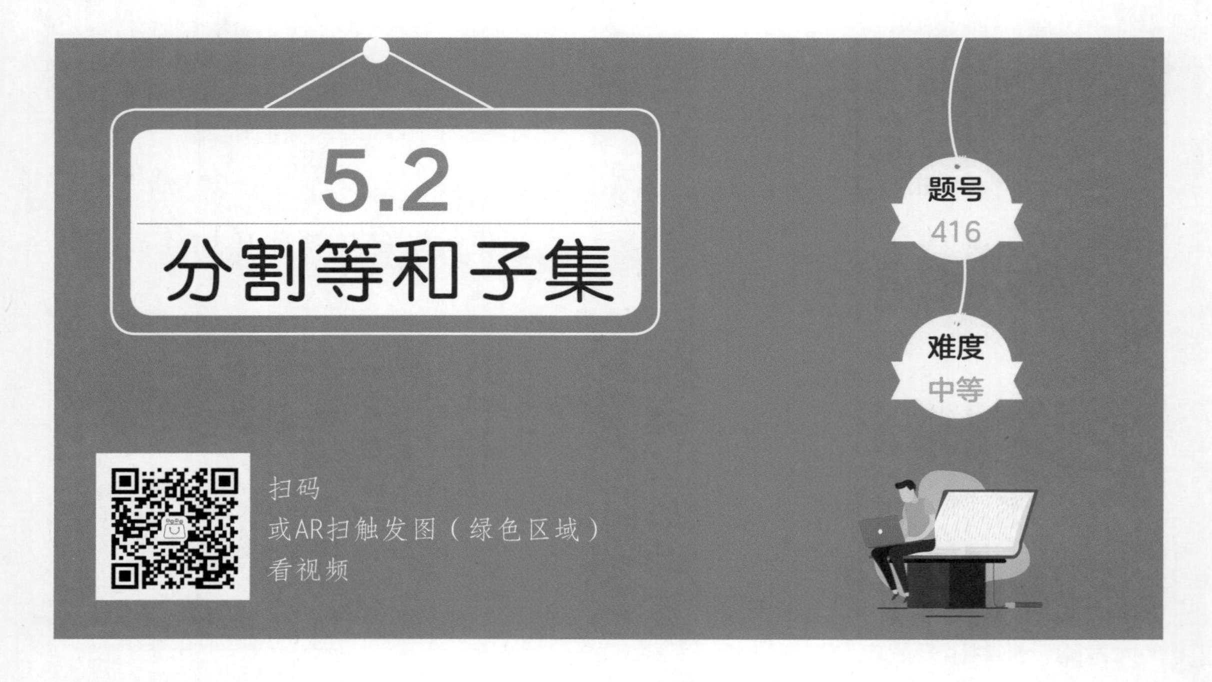

问题描述

给定一个只包含正整数的非空数组。是否可以将这个数组分割成两个子集，使得两个子集的元素和相等。

示例

输入：[1, 5, 11, 5]
输出：True
解释：数组可以被分割成 [1, 5, 5] 和 [11]。

输入：[1, 2, 3, 5]
输出：False
解释：数组不能被分割成两个元素和相等的子集。

题目解析

首先需要注意题目给的示例过于典型，比如第一个数组可以看出1+5+5=11，而第二个数组因为和为奇数，所以很容易判断输出为False。我们需要多准备几个测试用例。

假如数组的和为 S，那么这道题目就变为：在数组中找到一些值，使得和正好为 S 的一半。如果 S 为奇数，因为数组的元素都为正整数，所以必然找不到，可以直接返回False。

初始解法

经过前面的练习，相信读者马上会想到构造长度为 $S/2$ 的布尔值数组，然后逐渐填充这个数组，新的数组代表当前数组的子集的和，如表 5-1 所示。

表 5-1　数组中是否存在子集的和等于目标值?

0	1	2	3	4	5	6	7	8	9	10	11
False	True	?	?	?	True	?	?	?	?	?	?

分割等和子集初始解法的代码如代码 5-3 所示。

代码5-3：排除总和为奇数的数组，并构造待填充的数组。

```
s = sum(nums)
if s % 2 == 1:
    return False
target = s // 2

a = [False] * (target + 1)
```

接下来是遍历原始数组的元素，根据现有的总和填入新的可能得到的总和，如代码 5-4 所示。

代码5-4：分割等和子集的数组实现

```
for n in nums:
    # 如果遍历的元素已经比目标值大，说明没有找到结果，搜索结束
    if n > target: break
    # 遍历数组，如果该位置已经为True，则偏移n个位置也填上True
    for i in reversed(range(0, target + 1 - n)):
        if a[i]: a[i + n] = True
    a[n] = True
    # 判断target是否已填入True，如果是则函数结束，返回True
    if a[target]: return True
return False
```

需要注意的是 i 必须从右至左取值，否则会有错误。外部循环次数为 len(nums)，内部循环次数为 sum(nums)，时间复杂度为两者的乘积。

优化解法

使用数组的时候，我们需要遍历每一个元素才能决定是否填入新的元素，这个时候使用哈希表就只需要遍历哈希表的当前键的集合，从而节省了时间。

代码 5-4 优化后如代码 5-5 所示。虽然时间复杂度和优化前相同，但是减少了遍历的过程，从而减少了计算的时间。

代码5-5：分割等和子集的哈希表实现

```
# 构造哈希表，初始值为空
d = {}
for n in nums:
    # 相同逻辑，如果遍历的元素已经比目标值大，搜索结束
    if n > target: break
    # 遍历现有的键，填入新的键值对
    for k in list(d):
        if k + n <= target: d[k + n] = True
    d[n] = True
    # 判断target是否已填入True，如果是则函数结束，
返回True
    if target in d: return True
return False
```

扩展知识：背包问题

背包问题是组合问题最优解的形象描述，常见的背包问题描述如下：有一个容积有限的背包和一些给定体积和质量的物品，怎样组合使得装进背包的物品总质量最大？

本题则是一个简化过的背包问题，因为需要给出的是是否存在，而不是最优解。这里每个物品只可以使用 0 次或 1 次，这类问题被称为 01 背包问题。如果物品没有使用次数上限限制，则被称为完全背包问题。下一节我们将解决物品无限的找零钱问题。

对于 01 背包问题，n 种物品，总共有 2^n 种组合，通过动态规划法逐渐把背包容积增大，可以把时间复杂度优化到 $O(m \times n)$，m 为背包的容积。

小 结

我们通过把问题划分为数组中元素的不同组合的和是否为1，2，…，$n-1$的子问题（n为数组总和的一半），找到了数组能否被划分为元素和相等的两个子集的问题的解。

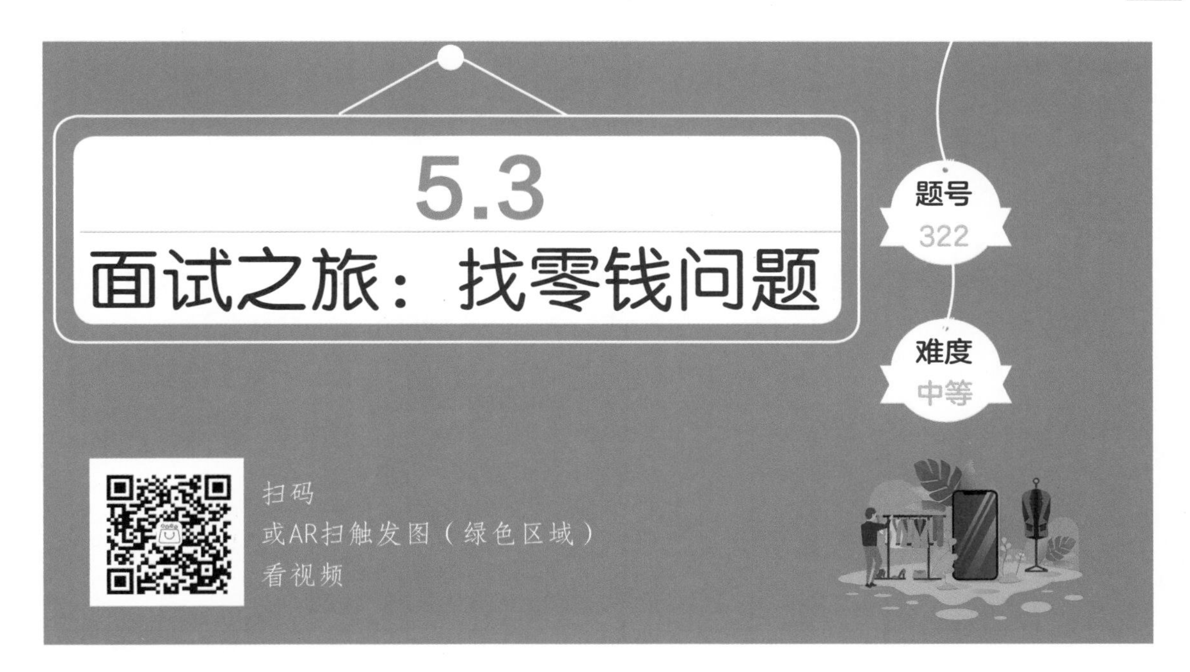

问题描述

给定不同面额的硬币 coins 和一个总金额 amount。编写一个函数来计算可以凑成总金额所需的最少的硬币个数。如果没有任何一种硬币组合能凑成总金额，则返回 -1。

```
输入: coins = [1, 2, 5], amount = 11
输出: 3
解释: 11 = 5 + 5 + 1

输入: coins = [2], amount = 3
输出: -1
```

题目解析

推导过程

假设 $S(n)$ 为金额为 n 的最少的硬币个数，我们首先可以确定的是每个硬币面值对应总金额的解是 1，接下来就是如何把 $S(n)$ 转化为更小的 n 的问题。

总金额 11，可以分解为总金额 6 加上面值为 5 的硬币一枚，或总金额 9 加上面值为 2 的硬币一枚，或总金额 10 加上面值为 1 的硬币一枚，所以最终的值就是这 3 个子问题的最小值加上 1。

可以画一个二维表格来辅助理解，如表 5-2 所示。

表 5-2　不同总金额的情况下如何组合使得硬币总个数最少

总金额	0	1	2	…	5	6	…	9	10	11
1	0	1	0		0	?		?	?	?
2	0	0	1		0	?		?	?	?
5	0	0	0		1	?		?	?	?

效率

如果我们知道这是一个背包问题，那么很容易地知道时间复杂度为 O（硬币种类 × 总金额），如果不知道可以在最后编写完成时再推导。

需要沟通的问题

可以问面试官一些问题，根据面试官的回答来决定是否需要考虑以下一些极端情况。

- 总金额是否为 0？
- 硬币面值是否已经排序?
- 总金额是否会小于硬币面值的最大值?

白板编写

因为题目只要求返回硬币的个数，所以可以构造一个数组，下标对应不同的金额，每个元素是每个金额对应的硬币个数，如代码 5-6 所示。

代码5-6：初始化换零钱问题需要的数组

```
# 因为没有解需要返回-1，我们使用-1初始化数组
solutions = [-1] * (amount + 1)
# 总金额为0则对应的个数为0
solutions[0] = 0
```

接下来需要推导每种金额的最优解，每次都需要一个数组保存可能的值，并取最小值，如代码 5-7 所示。

代码5-7：使用数组解决换零钱问题

```
for i in range(1, amount + 1):
    # 减去每种硬币的面值，查找数组，列出所有的可能值
    candidates = [
        solutions[i - coin]
        for coin in coins
        if i >= coin and solutions[i - coin] != -1]

    if candidates:
        solutions[i] = min(candidates) + 1

return solutions[amount]
```

可以进一步改成哈希表实现，加快运行速度，如代码 5-8 所示。

代码5-8：使用哈希表解决换零钱问题

```
# 使用哈希表，只需要初始化总额为0的情况
solutions = {0: 0}

for i in range(1, amount + 1):
    # 减去每种硬币的面值，查找哈希表，列出所有的可能值
    candidates = [
        solutions[i - coin]
        for coin in coins
        if i >= coin and i - coin in solutions]

    if candidates:
        solutions[i] = min(candidates) + 1

return solutions.get(amount, -1)
```

小结

我们使用动态规划法，结合数组和哈希表两种方式，并通过把问题划分为总金额为1，2，…，$n-1$的子问题，从而找到了总金额为n时所需的最少硬币个数。

本章总结

动态规划法可以用攀岩来类比，我们的目标是找到登顶的路线，或者找出最优的路线。动态规划法通过计算中间每一步的值，得到总体的结果或者最优值。

扫码看视频

动态规划法的应用非常广泛，在字符串和图相关的算法中也会有应用。读者平时需要多加练习，从而能针对各种问题快速地找到子问题，然后就是为了保存子问题的结果而设计数据结构。

动态规划问题的求解并没有捷径，只能对于不同类型的问题多加练习。但是大部分问题使用动态规划法能得到一个不错的结果，虽然不一定是最优解。

第06章

堆栈

堆栈是一种抽象的数据结构，它最大的特点是先进后出，比如放衣服的箱子，先放进去的被压在最下面，最后才会被取出。

这种数据结构很容易理解，但是能想到利用这种数据结构解题则比较难，因为我们平时使用的堆栈只有一维结构，且不如数组直观。本章将通过几道典型的堆栈题目，帮助大家了解使用堆栈可以非常方便解决的题目的特点。

问题描述

给定一个只包括 '(''')''{''}' '[''']' 的字符串，判断字符串是否有效。

有效字符串需满足：

· 左括号必须用相同类型的右括号闭合；

· 左括号必须以正确的顺序闭合；

· 不可以有不成对的左括号或右括号。

示例

有效的字符串

输入："()"
输出：True

输入："()[]{}"
输出：True

输入："([{}])"
输出：True

无效的字符串

输入："(]"
输出：False

输入："([)]"
输出：False

输入："()]"
输出：False

输入："({)"
输出：False

题目解析

我们先来看只有一种括号的题目。对于只有一种括号 '(' 和 ')' 的题目，我们使用堆栈保存现有的字符串，并按下面的逻辑进行操作。

1．如果遇到左括号，进行入栈操作。

2．如果遇到右括号，进行出栈操作。

3．因为不可以出现不成对的右括号，所以当遇到右括号但是栈内没有元素时直接返回 False。

4．如果遍历结束后栈不是空的，则返回 False。

在这里我使用图 6-1 和图 6-2 来辅助大家理解完整的验证过程。

只有一种括号的代码如代码 6-1 所示。

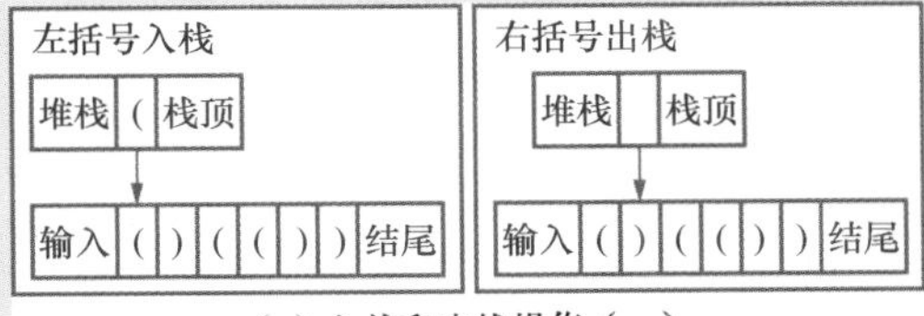

（a）入栈和出栈操作（一）

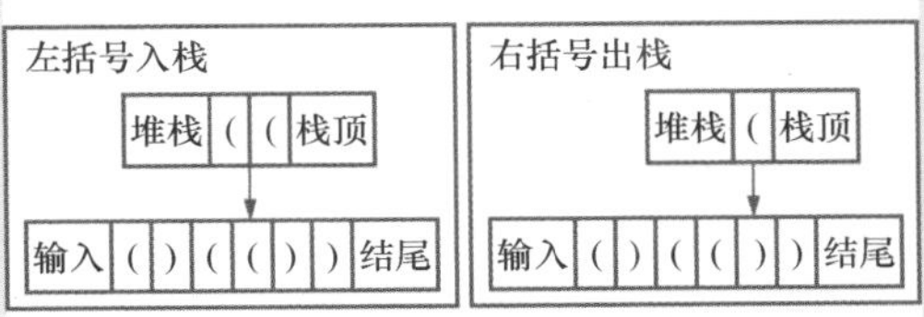

（b）入栈和出栈操作（二）

图 6-1 验证包含一种括号的有效字符串的过程

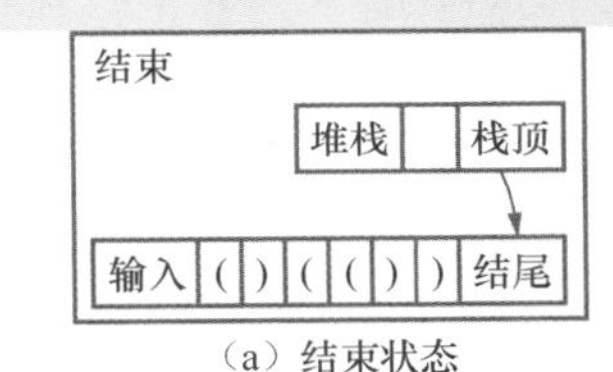

（a）结束状态

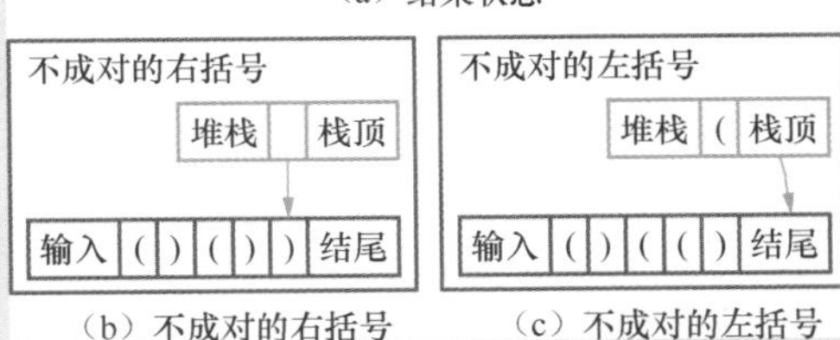

（b）不成对的右括号　（c）不成对的左括号

图 6-2 验证包含一种括号的有效字符串的结束情况

代码6-1：有效的括号——只有一种括号

```
for c in s:
    if c == "(":  # 1. 如果遇到左括号，进行入栈操作
        stack.append(c)
        continue

    if not stack:  # 3. 遇到不成对的右括号，直接返回False
        return False

    stack.pop()  # 2. 如果遇到右括号，进行出栈操作

# 4. 遍历结束后发现不成对的左括号，返回False
return stack == []
```

推荐解法

在了解了只有一种括号的情况下如何判断括号有效后，让我们回到问题本身。有些读者可能想到使用 3 个堆栈存放 3 种不同的括号，但是 3 个堆栈并不能记录括号的正确顺序，为了保证正确的顺序，我们只使用一个堆栈，而堆栈保存的内容由原来的左括号改为左括号对应的右括号。这样当遇到右括号需要进行出栈操作的时候，只需要判断当前的右括号与栈顶的右括号是否相等即可，过程如图 6-3 所示。

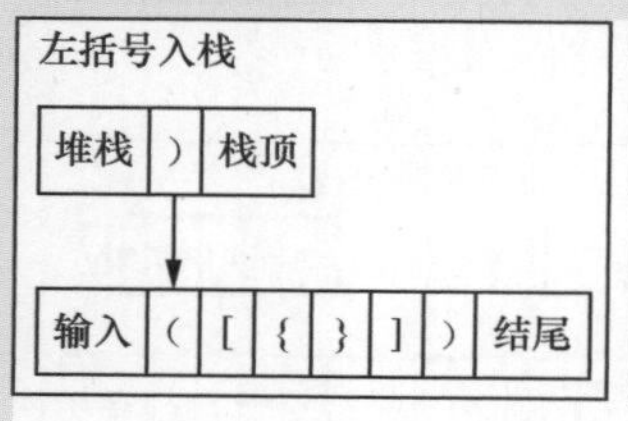

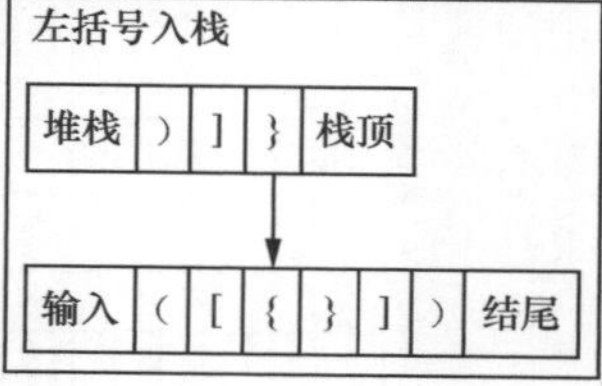

（a）入栈操作

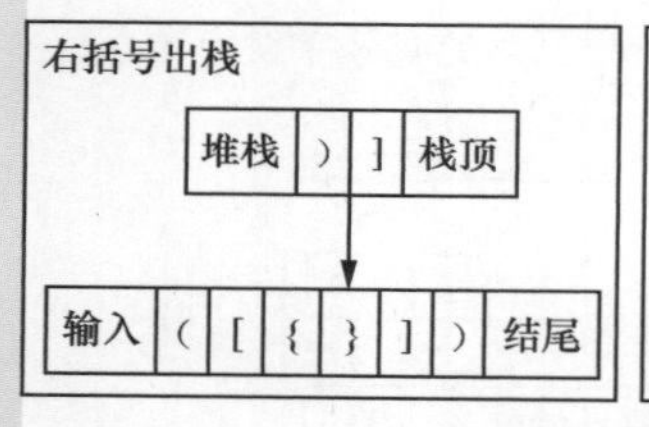

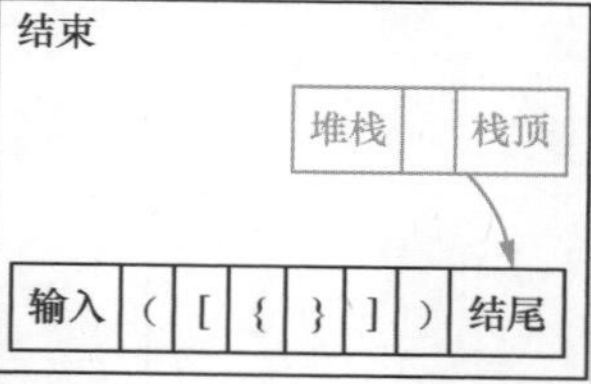

（b）出栈操作和结束

图 6-3　验证包含 3 种括号的有效字符串的过程

为了使逻辑简单，我们使用一个哈希表记录同类型的括号。

使用堆栈解决有效的括号问题的代码如代码 6-2 所示。

代码6-2：使用堆栈解决有效的括号问题

```
dict = {"(": ")", "[": "]", "{": "}"}
for c in s:
    if c in dict:  # 如果是左括号，则把对应的右括号入栈
        stack.append(dict[c])
        continue

    # 如果是不成对的右括号，或不是正确顺序的右括号，则返回False
    if stack == [] or stack[-1] != c:
        return False

    stack.pop()  # 如果是正确顺序的右括号，则进行出栈操作

return stack == []
```

小结

这一节我们从判断只有一种括号的有效字符串扩展到了判断有3种括号的字符串，为了简化逻辑，我们使用哈希表来记录同类型的括号。

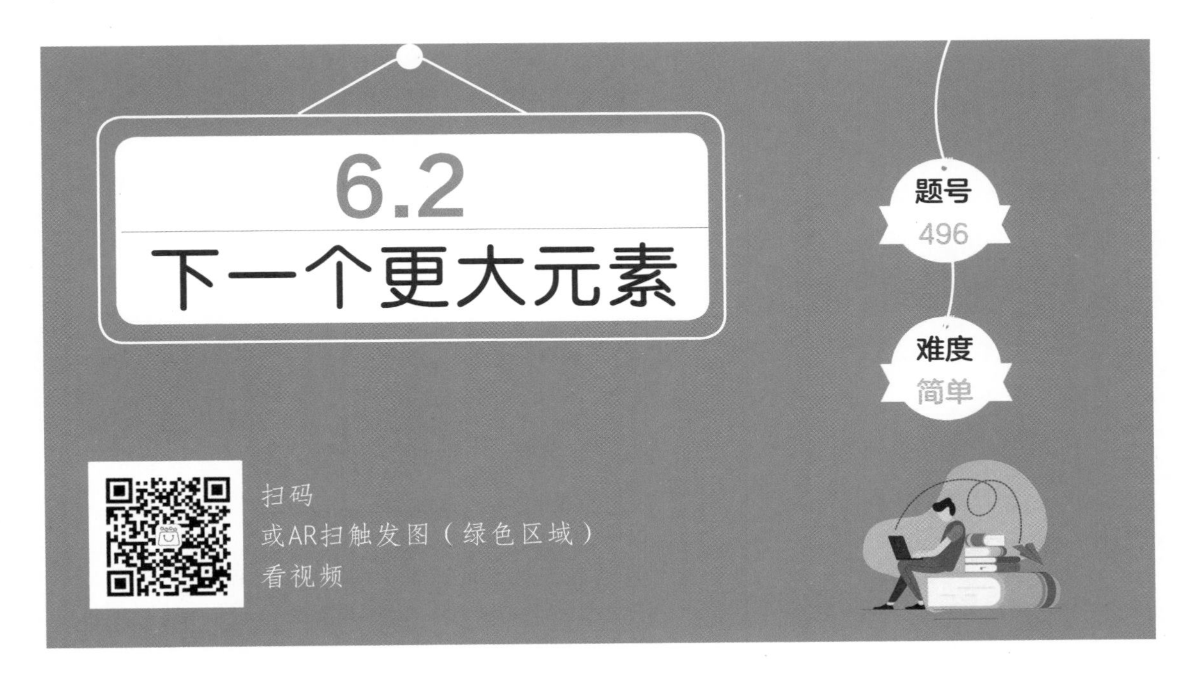

问题描述

给定两个没有重复元素的数组 nums1 和 nums2，其中 nums1 是 nums2 的子集。找到 nums1 中每个元素在 nums2 中的下一个比其大的值。如果不存在，输出 -1。

示例

输入: **nums1 = [4,1,2], nums2 = [1,3,4,2]**

输出: **[-1,3,-1]**

解释:

对于**nums1**中的数字**4**，无法在**nums2**中找到下一个更大的数字，因此输出**-1**。

对于**nums1**中的数字**1**，**nums2**中数字**1**右边的下一个较大数字是**3**。

对于**nums1**中的数字**2**，**nums2**中没有下一个更大的数字，因此输出**-1**。

题目解析

我们先不管 nums1，因为 nums1 是 nums2 的子集。关注重点先放在 nums2，因为 nums2 是没有重复元素的数组，所以如果用哈希表记录了 nums2 每个元素的下一个更大元素，那么答案就是遍历 nums1，返回每个元素对应的哈希表的值。

通过一个二维坐标来理解数组的状态，横坐标表示下标，纵坐标表示 nums2 对应元素的值，这样通过观察走势就可以知道下一个更大元素的值，坐标表示如图 6-4 所示。

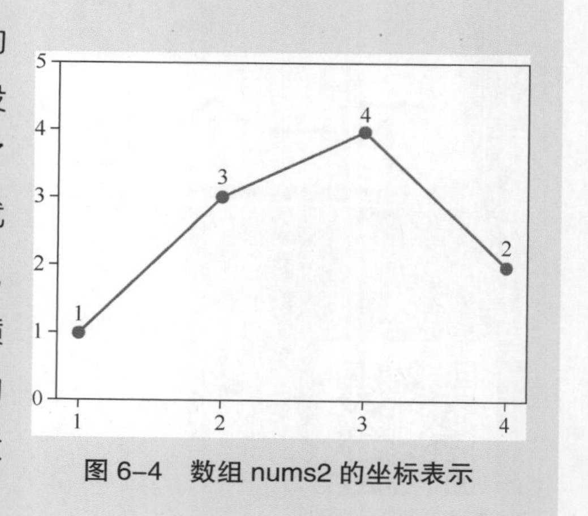

图 6-4　数组 nums2 的坐标表示

推荐解法

这道题是一个典型的堆栈应用场景。在使用堆栈的时候一定要记住栈保存的内容、入栈操作和出栈操作分别代表的意义，下面我们来进行分析。

栈保存的内容

栈内保存的是还没有找到下一个更大值的元素。比如 [4, 2, 1]，因为每一个元素都比左面的任何一个元素小，所以我们持续地进行入栈操作，栈内元素从顶到底正好是按从小到大的顺序排列，如图 6-5 所示。

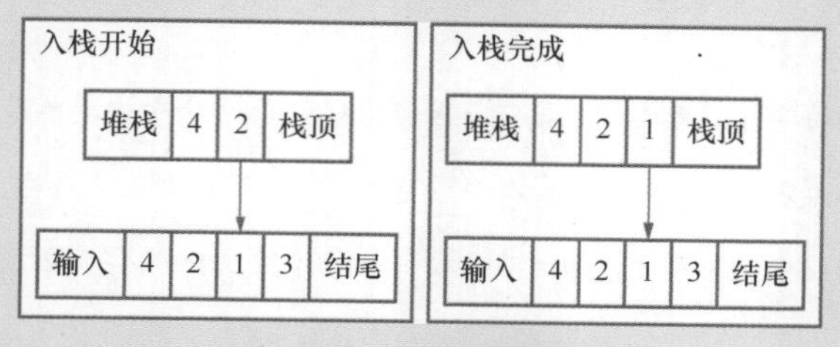

图 6-5　栈内元素和入栈操作

入栈操作

我们在分析栈保存的内容时也得出了入栈操作的条件，如果当前元素比栈的顶部元素小，那么对该元素进行入栈操作，且该元素成为新的顶部元素。

出栈操作

如果当前元素比栈顶元素大，就进行出栈操作。出栈操作是循环进行的，直到栈内没有元素或者栈顶元素比当前元素大。接下来把当前元素放入栈。

如图 6-6 所示，进行出栈操作后哈希表的值是 {1: 3, 2: 3}。

最终状态

遍历结束后如果栈内还有值，那么栈内所有的值在哈希表中对应的值为 -1，如图 6-7 所示。

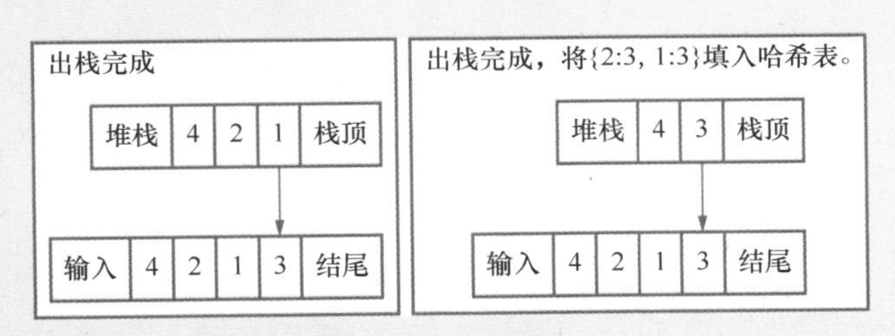

图 6-6　出栈操作

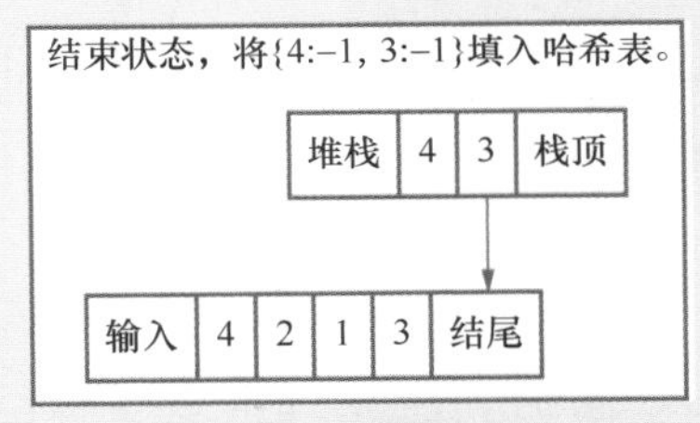

图 6-7　结束状态

代码

使用堆栈解决下一个更大元素问题的代码如代码 6-3 所示。

代码6-3：使用堆栈解决下一个更大元素问题

```
stack = [nums2[0]]
d = {}
for i in range(1, len(nums2)):
    n = nums2[i]
    while len(stack) > 0 and n > stack[-1]:  # 出栈操作
        d[stack.pop()] = n
    stack.append(n)  # 入栈操作

for n in stack:
    d[n] = -1

return [d[n] for n in nums1]
```

小结

本节分析了如何利用堆栈解决下一个更大元素的问题，需要弄清楚栈保存的内容、入栈操作和出栈操作分别代表的意义。

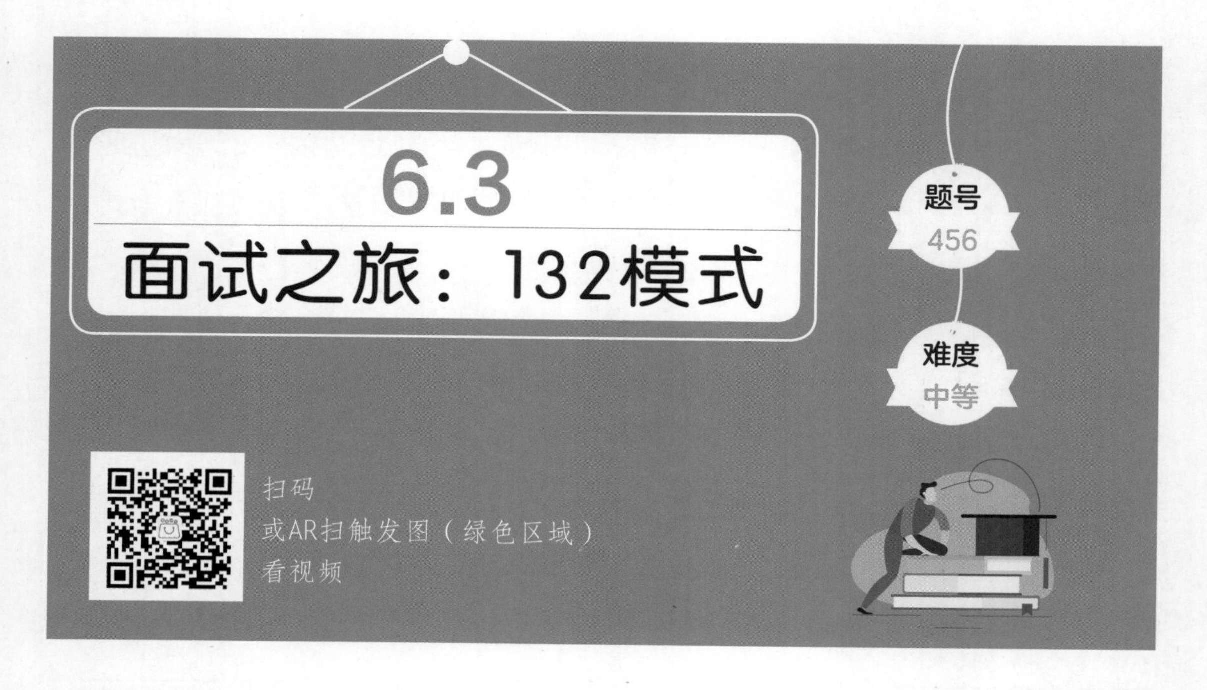

问题描述

给定一个整数数组$a_1, a_2, \cdots, a_n$，一个132模式的子数组a_i, a_j, a_k被定义为满足条件$i < j < k$的同时，$a_i < a_k < a_j$。设计一个算法，查找这个数组中是否存在132模式。

输入: [1, 2, 3, 4]
输出: False
解释: 数组中不存在132模式的子数组。

输入: [3, 1, 4, 2]
输出: True
解释: 数组中有1个132模式的子数组[1, 4, 2]。

题目解析

思考方向

我们可以用图6-8来表示数组[3, 1, 4, 2]，辅助分析问题，通过观察上升和下降的趋势构思解题思路。

首先找到所有满足条件$i<j$且$a_i<a_j$的a_i和a_j，如果i和j是连续的而且j+1也满足$a_j<a_{j+1}$，对于这样连续增长的子数组，只需要记录最小值和最大值。

然后是找到k。随着我们把数组分割成一段段连续增长的区间，接下来每次遍历到新的值，都需要查找是否有 k 所在的区间。

向面试官讲解思路

当我们想清楚这一过程后，就可以向面试官讲解自己的思路，比如：

- 使用堆栈找出连续的增长区间；
- 使用数组记录增长区间的最大值和最小值；
- 每遇到新的值就在数组中查找符合条件的区间；
- 时间复杂度为 $O(n^2)$。

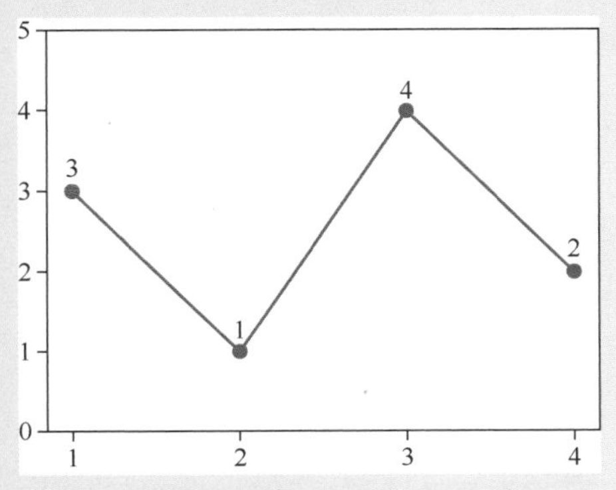

图 6-8　数组 [3, 1, 4, 2] 的坐标表示

白板编写

首先是找出连续增长的区间，可以使用类似找出下一个更大元素的方法，保持栈内元素从顶到底是从大到小的顺序，根据当前元素和栈顶元素的比较结果决定进行入栈还是出栈操作，如代码 6-4 所示。

接下来是查找当前值是否在目前已知的连续增长区间内，方法是遍历所有的增长区间，同时和该区间的最大值与最小值做比较，如代码 6-5 所示。

代码6-4：把数组分割成连续的增长区间

```
stack, ranges = [nums[0]], []
for i in range(1, len(nums)):
    n = nums[i]

    # 如果n小于栈顶元素，说明打破了连续增长
    # 把当前栈的最大值和最小值填入
    if n < stack[-1]:
        if len(stack) > 1:
            ranges.append((stack[0], stack[-1]))
        stack = []

    # 否则进行入栈操作，保证栈内元素是从大到小的顺序
    stack.append(n)
```

代码6-5：在最大值和最小值组成的数组中查找当前值

```
def in_ranges(n: int, ranges: List[int]) -> bool:
    if not ranges:
        return False

    for i in ranges:
        if i[0] < n < i[1]:
            return True

    return False
```

优化解法

如果我们从右往左遍历给定的数组，那么 132 模式就变成了 231 模式。简单的翻转顺序却让我们豁然开朗。

数组也可以从右向左，132模式变成231模式

首先把 i、j、k 的顺序调转为从右往左，重新理解一下题目：存在 i、j 和 k，当 $k > j > i$时，$a_k < a_j$且$a_k > a_i$。

这样问题就变成了两个子问题，首先是找到满足$k > j$且$a_k < a_j$的元素 a_j，即从第 k 个元素开始，从右往左找到下一个更大元素。然后是找到满足$j > i$且$a_k > a_i$的元素 a_i，即找到更大元素后，接下来继续找到比初始元素小的元素。

接下来是找到 k 和 j。在“下一个更大元素”的题目中，我们使用堆栈帮助记录了所有元素的下一个更大元素。在这里我们同样使用堆栈方法，不同的是除了堆栈元素外，只需要记录已遍历的元素中存在更大元素的一个最大的 a_k，记为 floor。

利用堆栈的值

堆栈中保存的是比 floor 大的值，也是遍历到的元素中没有下一个更大元素的值，如图 6-9 所示。

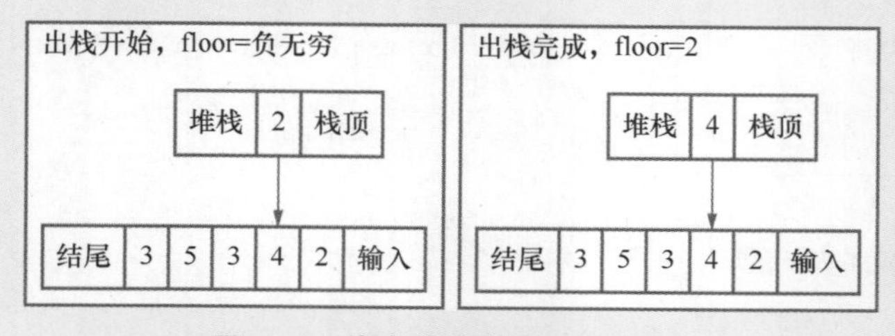

图 6-9　栈内元素永远比 floor 大

接下来边比较边查找 i。对于遍历到的元素，分两种情况处理。

- 如果比 floor 小，那么该元素就是符合题目条件的 a_i。
- 否则需要把该元素和堆栈中的值作比较。
  - 如果比栈顶元素小，则进行入栈操作，如图 6-10 所示。
  - 如果比栈顶元素大，则进行出栈操作，并更新 floor，如图 6-11 所示。
  - 如果相等则直接跳过。

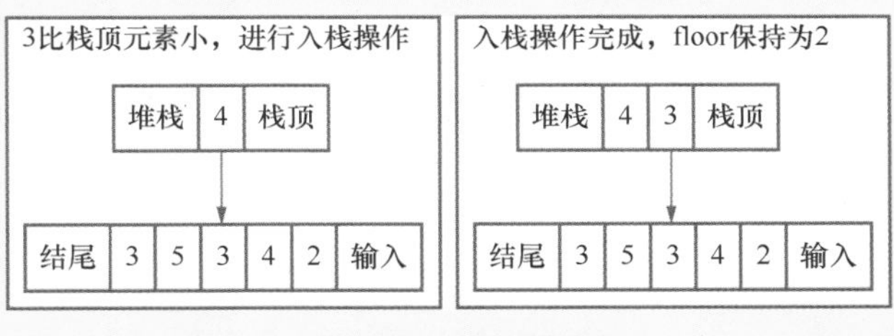

图 6-10　入栈操作

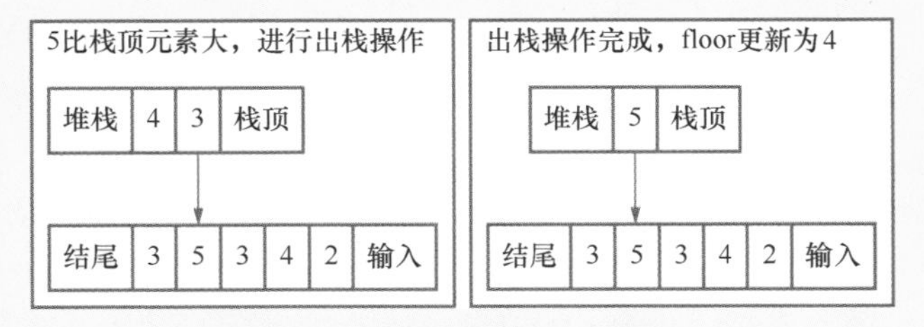

图 6-11　出栈操作，更新 floor

讲解思路

接下来我们可以向面试官解释使用堆栈解决 231 模式的思路。

当没有找到 k 和 j 的时候：

- 如果当前元素小于或等于栈顶元素，则进行入栈操作；
- 否则说明找到了 k 和 j，更新 floor 为栈内最后一个比当前元素小的值，并把当前元素入栈。

当找到了 k 和 j 的时候：

- 如果当前元素小于 floor，则返回 True；
- 否则需要更新栈和 floor。

代码

有了思路就可以顺利地写出代码，如代码 6-6 所示。

代码6-6：使用堆栈和从右向左遍历解决132问题

```
stack = [nums[-1]]
floor = float("-inf")
for i in range(len(nums) - 1, 0, -1):
    n = nums[i - 1]
    # floor初始值为负无穷，保证没有找到k和j时，此处为False
    if n < floor:
        return True

    while len(stack) > 0 and n > stack[-1]:
        floor = stack.pop()

    stack.append(n)

return False
```

扫码看视频

小结

作为面试者，沟通并把题目做对比给出优雅的解法更重要。虽然在面试中不一定能想到优化解法，但是清晰的思路和易懂的代码同样重要。

本章总结

堆栈其实在算法题里是不太常见的数据结构，最大的问题就是栈内的内容、入栈操作和出栈操作的意义在解决实际的算法题时容易出错。本章挑选了几个典型的堆栈题目，希望读者下次遇到类似的题目可以毫不犹豫地讲出使用堆栈解题的思路。

扫码看视频

第07章

数字

有一类题目只和数字相关，比如验证一个数字是否是素数，求两个数的最大公约数和最小公倍数，或者对一个数字进行因数分解等。

关于数字的题目一般都不难，但是如果了解了对应的定理，可以得到一些非常巧妙的解法。

看到一道面试题，大家的想法往往是“应该有巧妙的方法吧”。对于与数字相关的题目，答案是肯定的，这背后是无数数学家研究的成果。希望经过这章的训练，读者对于看似简单的算法题也能保持好奇心。

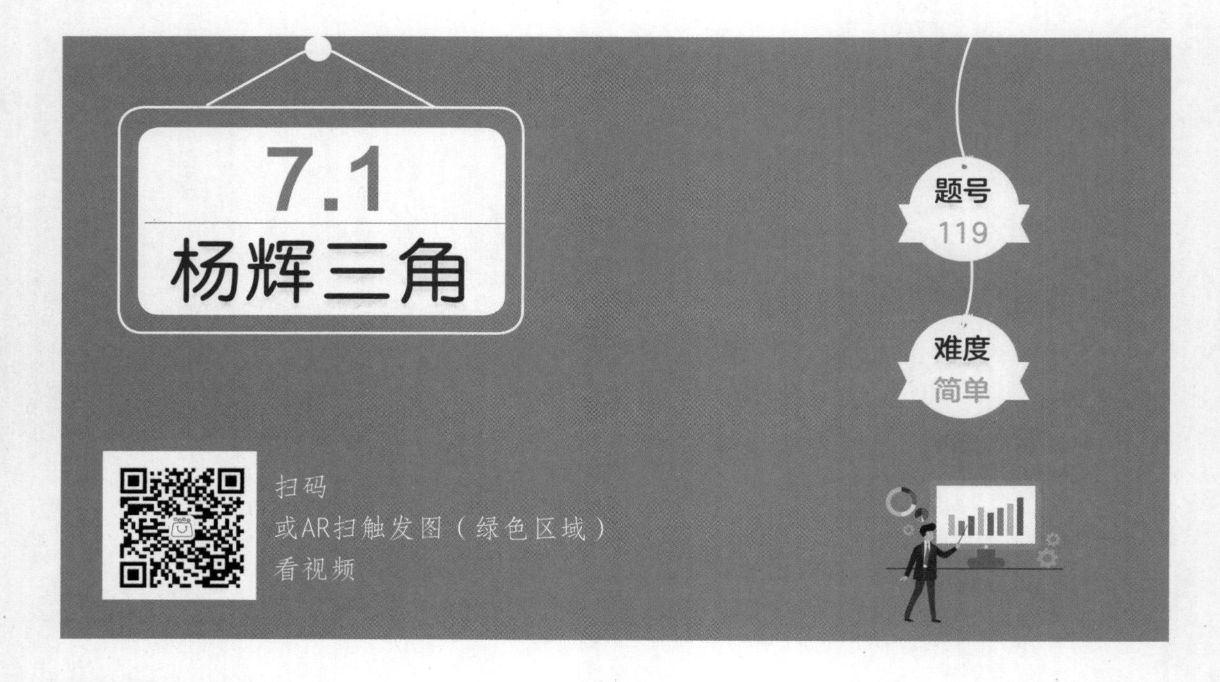

7.1 杨辉三角

问题描述

给定一个非负整数 n，返回杨辉三角的第 n 行。在杨辉三角中，两条斜边均由 1 组成，其余的每个数是它左上方和右上方的数的和，如图 7-1 所示。

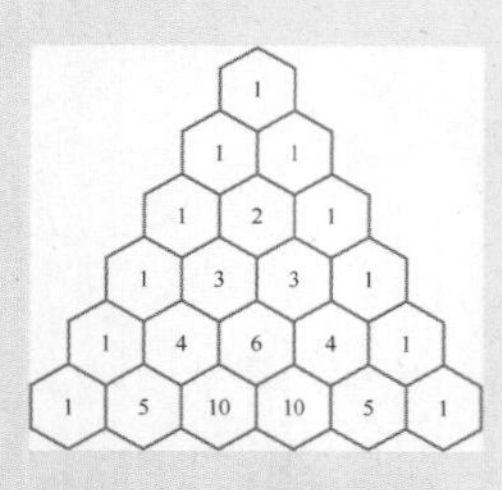

图 7-1　杨辉三角

示例

输入：3

输出：[1,3,3,1]

题目解析

做这道题目之前，不妨搜索一下杨辉三角，会发现它有很多有趣的特性：

1．第 n 行是二项式 $(a+b)^n$ 的展开式中每一项的系数；

2．第 n 行的和是 2^n；

3．对角线的和构成斐波那契数列，参考图 7-2。

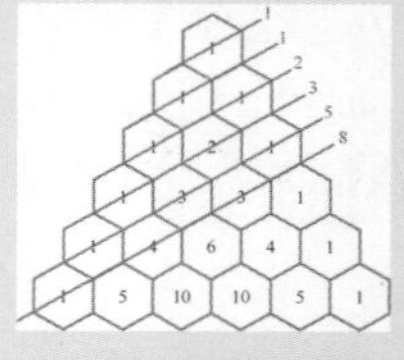

图 7-2　杨辉三角与斐波那契数列

初始解法

首先我们使用递归的方法，根据定义计算杨辉三角的第 n 行。为了节省空间，可以在循环中反复使用同一个数组，如代码 7-1 所示。

代码7-1：使用递归计算杨辉三角的第n行，时间复杂度为$O(n^2)$

```
def pascalsTriangle(n:int) -> List[int]:
    if n == 0:
        return [1]

    a = pascalsTriangle(n-1)
    a.append(1)
    for i in range(n, 1, -1):
        a[i-1] += a[i-2]
    return a
```

优化解法

杨辉三角还有一个重要的特性是第 n 行的第 k 项（k=0，1，…，n）正好是从 n 个元素中挑选 k 个元素的组合数$\binom{n}{k}$。所以我们可以在 $O(n)$ 时间复杂度内计算出第 n 行的结果。

组合数的计算公式为

$$\binom{n}{k}=\frac{n\times(n-1)\times\cdots\times(n+1-k)}{1\times2\times\cdots\times k}=\binom{n}{k-1}\times\frac{n+1-k}{k}$$

优化解法的代码如代码 7-2 所示。

代码7-2：直接计算杨辉三角第n行，时间复杂度为$O(n)$

```
def pascalsTriangle(n:int) -> List[int]:
    a = [1] * (n+1)

    for k in range(1, n):
        a[k] = a[k-1] * (n + 1 - k) // k

    return a
```

小结

当知道了杨辉三角每一项的计算公式后，我们就可以在$O(n)$的时间复杂度内计算出结果。

事实上$\binom{n}{k}=\binom{n-1}{k-1}+\binom{n-1}{k}$也是组合数的重要公式。

问题描述

给定正整数 n，找到若干个完全平方数（比如 1、4、9、16……），使它们的和等于 n，返回总和等于 n 的完全平方数的最少个数。

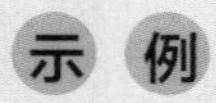

输入: n = 12
输出: 3
解释: 12 = 4 + 4 + 4

输入: n = 13
输出: 2
解释: 13 = 4 + 9

题目解析

这个问题看上去和找零钱问题差不多，我们同样使用动态规划法来求解。方法是构造一个长度为 $n+1$ 的数组，每个下标对应的值就是和为该下标的完全平方数的最少个数。我们从 1 开始逐渐填满这个数组，最后返回下标 n 对应的值。

初始解法

首先是构造初始状态，除了动态规划法的数组 result 外，我们再使用一个数组 squares 保存当前可以利用的平方数，我们再使用两个变量，nextRoot 和 nextSquare，其中 nextRoot 表示下一个平方根，nextSquare 表示下一个平方数，如代码 7-3 所示。

代码7-3：初始化4个状态变量

```
def num_squares(n: int) -> int:
    result = [1]*(n+1)
    squares = [1]
    nextRoot = 2
    nextSquare = 4
```

然后从 2 开始逐渐递增下标一直到 n，如果下标等于下一个平方数就更新相应变量并跳过，因为默认值已经是 1，如代码 7-4 所示。

代码7-4：下标等于下一个平方数以后，更新相应的变量

```
for i in range(2, n+1):
    if i == nextSquare:
        squares.append(nextSquare)
        nextRoot += 1
        nextSquare = nextRoot ** 2
        continue
```

而对于下标不是完全平方数的情况，和找零钱问题使用相同的方法，找出使用完全平方数所有的可能值，然后取个数最小值，如代码 7-5 所示。

代码7-5：如果当前的下标不等于下一个平方数，找出所有的可能值然后取个数最小值

```
result[i] = min([result[i-j] for j in squares])+1
```

最后返回 result[n]，即最后的答案。

优化解法

使用动态规划法完全可以满足题目的要求，但是追求不断提高计算效率的天性使我们想知道可以使用哪些数学定理来优化求解过程。

几个相关的定理

定理 7.1（拉格朗日四平方和定理） 任何一个正整数都可以表示成不超过 4 个的整数的平方之和。

通过这个定理，可以知道每个解最大为 4，接下来还有 2 个相关的定理帮助确定每个数的具体值。

定理 7.2（勒让德三平方和定理） 任何一个正整数都可以表示成 3 个整数的平方之和，除非是 $4^a(8b + 7)$ 的形式。

定理 7.3（费马平方和定理） 奇素数能表示为 2 个平方数之和的充分必要条件是该素数被 4 除余 1。

根据费马平方和定理及相关定理，整数（不限定奇数和素数）可以被分解为 2 个平方数之和的充分必要条件是，这个数因式分解后的所有 $4b + 3$ 形式的素数因数的幂都必须是偶数。

有兴趣的读者可以参考《数论导引》[①]或自行查阅相关证明。

综合几个定理

综合几个定理，对于 n 可以表示为最少几个完全平方数之和的问题可以得出下面的结论：

1．1 个，n 本身就是完全平方数；

2．4 个，n 满足 $4^a(8b + 7)$ 的形式；

3．3 个，对 n 作因数分解后，发现存在 $4b + 3$ 形式的素数因数的幂是奇数的情况；

4．2 个，以上条件都不满足。

---

① [英]G.H.Hardy，E.M.Wright. 数论导引：第 5 版 [M]. 张明尧，张凡，译 . 北京：人民邮电出版社，2008.

代码

这里使用 Ruby 语言编写代码，因为 Ruby 语言内置的标准库提供了因数分解的支持，优化解法的代码如代码 7-6 所示。

代码7-6：使用Ruby语言内置的因数分解支持，不使用动态规划法来解决完全平方数问题

```
require 'prime'
def num_squares(n)
    # 首先对n反复除以4，去掉4^a的部分
    n = n/4 while n % 4 == 0
    # 验证n是否是完全平方数
    root = Math.sqrt(n).floor
    return 1 if root * root == n
    # 验证n是否满足4^a(8b+7)的形式
    return 4 if n % 8 == 7
    # 对n作因数分解，如果4b+3形式的素数因数的幂有至少一个奇数，则返回3
    return 3 if n.prime_division.any?{|p,e| p%4==3 && e.odd?}
    # 其他情况返回2
    return 2
end
```

对于 Ruby 语言有兴趣的读者可以前往其官方网站了解更多信息。

小结

本节我们看到，一道看似简单的面试题背后竟然有这么多数学家多年的研究成果，其中也包括了著名的费马，而这道题的难度却没有被标为“困难”来致敬这些数学家。

有兴趣的读者可以阅读相关资料活跃自己的数学思维，比如证明三平方和定理相关的一个小定理：完全平方数除以8的余数只可能是0、1或4。

问题描述

对于给定的整数 n，如果 n 的 k（$k \geqslant 2$）进制数的所有数位全为 1，则称 k 是 n 的一个好进制。

以字符串的形式给出 n，以字符串的形式返回 n 的最小好进制。

输入: "13"
输出: "3"
解释: 13的3进制是111（13=3^0+3^1+3^2）。

输入: "4681"
输出: "8"
解释: 4681的8进制是11111（4681=8^0+8^1+8^2+8^3+8^4）。

输入: "1000000000000000000"
输出: "999999999999999999"
解释: 1 000 000 000 000 000 000的999999999999999999进制是11。

1. n的取值范围是$[3,10^{18}]$。
2. 输入总是有效的,且没有前导0。

题目解析

如果这道题目在面试的时候标注了“困难”，大多数面试者可能就直接选择放弃了。但是如果我们找到了规律会发现这道题一点也不难，可以很优雅地求解。

审题

审题的时候首先注意的一点是类型，整数 n 以字符串的形式给出，输出也是字符串，写程序的时候不要把输入输出的类型弄错了。提示中说明了输入总是有效的，且没有前导 0，我们只需要使用编程语言自带的类型转换函数就可以（如果有前导 0，转换时会被当成八进制而非十进制）。

接下来是取值范围，最小为 3，正好是二进制的“11”。最大为 10^{18}，因为 $10^3 \approx 2^{10}$，所以 $10^{18} \approx 2^{60}$，一般的整数取值是 $2^{63}-1$，这里不需要担心整数溢出问题。

最后是 k 的遍历范围，题目中只要求 $k \geqslant 2$，我们最大取到 $n-2$，因为 $n-1$ 必然是一个好进制，即 $n=(n-1)^0+(n-1)^1$。

白板编写

向面试官陈述思路

1. 将给定的字符串使用内置的类型转换函数转换为整数。
2. 从 2 开始遍历，将输入值转换成对应的进制数。
3. 如果找到则返回当前值对应的字符串，没有找到则返回 $n-1$ 对应的字符串。
4. 时间复杂度大于 $O(n)$，但是转换进制的复杂度不清楚，所以确切的时间复杂度不清楚。

转换进制函数

转换进制函数是这道题的重点，一些编程语言比如 Ruby 内置了转换进制函数，因此验证转换进制后字符串是否全是 1 即可。比如：

```
irb(main):001:0> 13.to_s(3)
=> "111"
irb(main):002:0> 4681.to_s(8)
=> "11111"
irb(main):003:0> "111".each_char.all?{|c| c == "1"}
=> true
```

对于不带转换进制支持的大多数编程语言，我们需要编写转换进制的方法。可以使用不断取余数的方法，把余数存入字符串，直到最后的余数小于进制数，最后把字符串翻转就得到了 n 在该进制数的字符串表示，如代码 7-7 所示。

代码7-7：转换进制数，返回对应字符串

```
def base(n: int, k: int) -> str:
    q, r = divmod(n, k)
    a = [str(r)]
    while q > k:
        q, r = divmod(q, k)
        a.append(str(r))
    a.append(str(q))
    return "".join(reversed(a))
```

验证一下这个函数的输出结果：

```
>>> base(13, 3)
"111"
>>> base(4681, 8)
"11111"
```

结果正确。

验证好进制的函数

我们再回到题目，由于题目只需要检查 n 是否可以表示为全为 1 的某进制数，完全可以省略字符串输出，只返回 True 和 False 就好，如代码 7-8 所示。

代码7-8：不返回对应的进制数，只验证是不是好进制数

```
def goodBase(n: int, k: int) -> bool:
    q, r = divmod(n, k)
    if r != 1:
        return False
    while q > 0:
        q, r = divmod(q, k)
        if r != 1:
            return False
    return True
```

验证一下这个函数的输出结果：

```
>>> goodBase(13, 3)
True
>>> goodBase(4681, 8)
True
```

结果正确。

外部的循环

接下来就是外部的循环部分，如代码 7-9 所示。

代码7-9：最小好进制的外部循环部分

```
def smallestGoodBase(n: str) -> str:
    n = int(n)
    for k in range(2, n-1):
        if goodBase(n, k):
            return str(k)
    return str(n-1)
```

验证一下结果：

```
>>> smallestGoodBase("13")
"3"
>>> smallestGoodBase("4681")
"8"
```

结果正确。

优化解法

这一道题也可以反向思考，当 $n = k + 1$ 的时候 $k = n - 1$，那么当 $n = k^2 + k + 1$ 或 $n = k^3 + k^2 + k + 1$ 的时候，k 对应的值又是什么呢？我们可以先从寻找规律开始，逐渐得到答案。

寻找规律

可以在纸上推导公式，来发现其中的规律。

如果

$$n = k^m + k^{m-1} + \cdots + k + 1$$

那么两边都乘以 k，可以得到：

$$k \times n = k^{m+1} + k^m + k^{m-1} + \cdots + k$$

两式相减，可以得到：

$$n = \frac{k^{m+1} - 1}{k - 1}$$

即

$$k^{m+1} = n \times (k-1) + 1$$

这个公式就是初始项为 1、公比为 k 的等比数列前 $m + 1$ 项的求和公式。

这意味着验证好进制的函数可以进一步加快，只需要验证 $n \times (k-1) + 1$ 是否是 k 的整数幂，如代码 7-10 所示。

代码7-10：利用等比数列求和公式简化goodBase函数

```
def goodBase(n: int, k: int) -> bool:
    target = n*(k-1)+1
    # math.log返回满足k^power=target的值
    power = round(math.log(target, k))
    return k**power == target
```

二项式展开的应用

接下来需要找到$n = k^m + k^{m-1} + \cdots + k + 1$公式中，已知 m 对应的 k。

这里可以应用 7.1 节提到的二项式展开公式。

$$(k+1)^m = \sum_{i=0}^{m} \binom{m}{i} k^{m-i} = k^m + mk^{m-1} + \cdots + mk + 1$$

因为 $m > 1$，这个结果必然大于$k^m + k^{m-1} + \cdots + k + 1$，所以 $(k+1)^m > n > k^m$，k 必然介于 $\sqrt[m]{n}$与$\sqrt[m]{n} - 1$之间，这个区间只有一个整数，如果该整数满足条件，那就是我们要找的 k。

接下来是 m 的取值范围，最小值肯定是 2，接下来是求最大值。因为 k 最少为 2，当 k 为 2 的时候，$2^m < n < 2^{m+1}$，m 的最大值就是 $\log_2 n$ 的取整结果。我们就让 m 从最大值开始逐步减少，一直到 2，如果有满足条件的 k 就返回对应的字符串，否则返回 $n-1$ 对应的字符串。

最小好进制的优化解法代码如代码 7-11 所示。

代码7-11：最小好进制，使用反向查找的优化解法

```
def smallestGoodBase(n: str) -> str:n = int(n)
    # m满足 2^m < n < 2^(m+1)
    maxM = math.floor(math.log2(n))
    for m in range(maxM, 1, -1):
        # k满足 k^m < n < (k+1)^m
        k = math.floor(m**(1/n)))
        # n = [k^(m+1)-1] / (k-1)
        if n*(k-1)+1 == k**(m+1):
            return str(k)
    return str(n-1)
```

扫码看视频

小结

完全平方数一题因为可以考查动态规划法，更适合作为面试题，但是我们没办法在白板上推导四平方和公式。而这道题是在面试的白板上也能展示优化算法推导过程的一个例子。

在LeetCode中，不使用优化后的方法会超出时间限制，这也是这道题的难度被标注为“困难”的原因。

本章总结

很多读者可能会有这样的感慨：“一道算法题背后竟然有这么多知识”。这其实是计算机行业发展的现状，很多算法问题经过前人多年的研究，已经有了很丰富的成果。

扫码看视频

虽然随着技术的发展，CPU的速度越来越快，再加上GPU辅助计算，差的算法在一定数量级上并不会比好的算法差太多。但是，时刻保持好奇心和求知欲对程序员来说非常重要。我甚至认为程序员应该像中世纪的骑士捍卫自己的荣誉一样，对优化算法保持执着，这也许就是程序员的“工匠精神”吧。

第08章

树

树在日常生活中很常见，数据结构课程也会讲到二叉树等树状数据结构，但是平时它的使用率并不高。究其原因，一是树最常用的地方是数据库、文件系统和浏览器的文档对象模型（Document Object Model，DOM）树，而程序员平时不需要关注它们的底层实现。二是随着内存的快速发展，利用树状结构节省内存带来的效益变小。

本章通过几个常用的树状数据结构相关的题目帮助大家找到这类算法题的要点。

问题描述

给定一个二叉树和一个目标值，判断该二叉树中是否存在从根节点到叶子节点的路径，使得这条路径上所有节点值相加等于目标值。

说明：叶子节点是指没有子节点的节点。

示例

给定如图8-1所示的二叉树，以及目标值sum=22，返回True，因为存在节点值之和为22的根节点到叶子节点的路径，5→4→11→2。

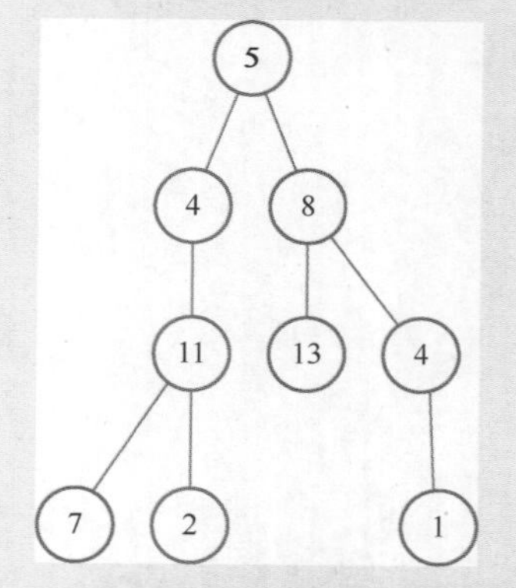

图 8–1　目标值为 22 的二叉树的路径

题目解析

这道题目需要关注的地方，首先是“二叉树”，意味着每个节点的子节点最多为 2 个；其次是路径必须从根节点到叶子节点，意味着遍历到叶子节点才能决定返回 True 还是 False。

因为这道题目只需要找到一个解，所以我们每次只需要检查一条从根节点到叶子节点的路径的节点值之和，如果和等于目标值则返回 True，否则就换下一条路径。遍历所有的路径有两种方式，一是访问一个节点的子节点以后，继续访问子节点的子节点，这种方式称为深度优先遍历；二是访问一个节点的子节点以后，继续访问该节点的下一个子节点，这种方式称为广度优先遍历。这两种遍历方式如图 8-2 所示。

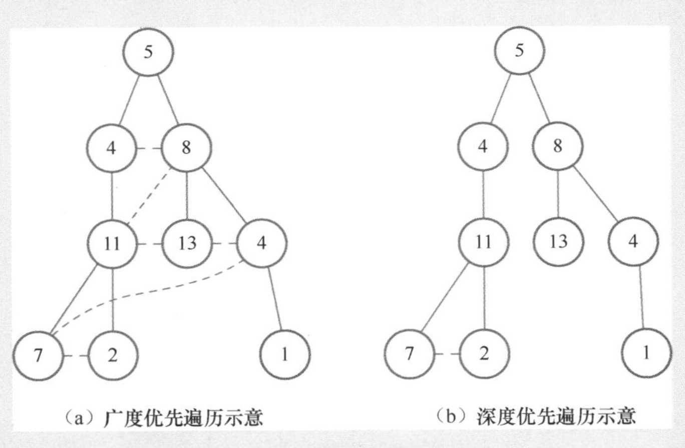

图 8-2　遍历路径的两种方式

这两种遍历方式看上去原理很简单，但是写起来并不容易，因为需要不断地把节点的子节点加入队列，同时又要能在找到符合条件的叶子节点时提前退出。我们首先来看如何使用循环的方法进行广度优先遍历。

初始解法

前面提到了需要使用队列收集需要检查的节点，这里使用列表作为队列的数据结构。程序开始时先把根节点加入队列，每次从列表取出节点后，把该节点的子节点填回列表，这样下次循环就会取出子节点。循环会一直持续到遍历完所有的节点，或找到了节点值之和等于目标值的路径。路径总和初始解法的代码如代码 8-1 所示，状态变化如图 8-3 所示。

代码8-1：路径总和问题——使用列表和循环做广度遍历的解法

```
def hasPathSum(root: TreeNode, sum: int) -> bool:
    # 把根节点和目标值加入列表
    choices = deque([(root, sum)])
    while choices:
        # 从列表中取出节点和目标值
        node, target = choices.popleft()
        # 如果节点是叶子节点，且值等于目标值，则返回True结束
        if not node.left and not node.right and\
                node.val == target:
            return True
        # 如果该节点有子节点，把子节点填回列表，
        # 新的目标值是目标值减去节点值
        if node.left:
            choices.append((node.left, target - node.val))
        if node.right:
            choices.append((node.right, target - node.val))
    return False
```

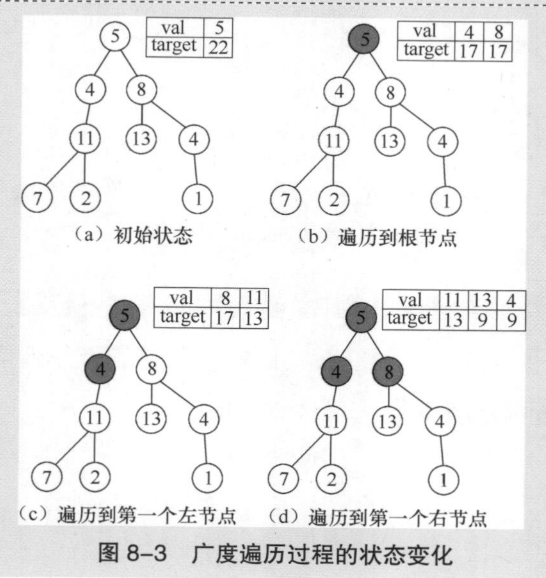

图 8-3　广度遍历过程的状态变化

解法2-深度遍历

前面的代码中，我们使用 popleft 从列表左侧读取，只要改成 pop 从右侧读取，同时调换添加左右节点的顺序，整个过程就变成了深度遍历。如代码 8-2 所示，状态变化如图 8-4 所示。

代码8-2：路径总和问题——使用列表和循环做深度遍历的解法

```
def hasPathSum(root: TreeNode, sum: int) -> bool:
    # 把根节点和目标值加入列表
    choices = [(root, sum)]
    while choices:
        # 从列表右侧而不是左侧取出节点和目标值
        node, target = choices.pop()
        # 如果节点是叶子节点，且值等于目标值，则返回True结束
        if not node.left and not node.right and\
                node.val = = target:
            return True
        # 如果该节点有子节点，把子节点填回列表
        # 新的目标值是目标值减去节点值
        if node.right:
            choices.append((node.right, target - node.val))
        if node.left:
            choices.append((node.left, target - node.val))
    return False
```

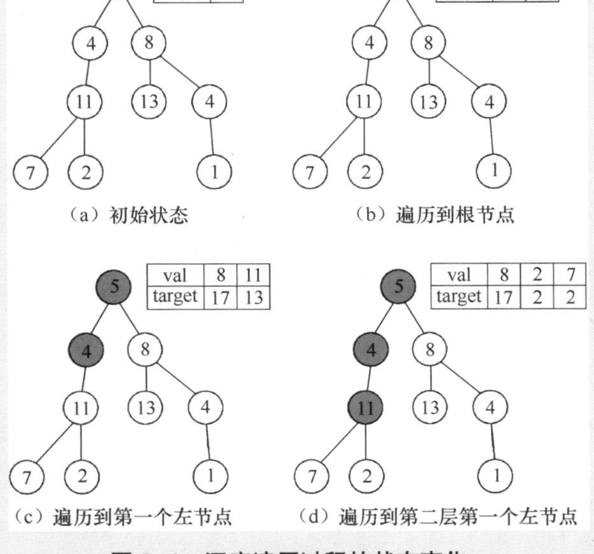

图 8-4　深度遍历过程的状态变化

优化解法

我们看到使用列表和循环可以很方便地做广度优先遍历和深度优先遍历，下面我们来看使用生成器进行深度优先遍历的方法。

Python中的生成器

在 Python 中，使用 yield 关键字可以让一个函数返回一个生成器对象。生成器的作用是按需取值，yield 所在行会一直等到取值时才运行，如代码 8-3 所示。

代码8-3：生成器例子

```
def gen_123():
    yield 1
    yield 2
    yield 3
```

gen_123() 函数在调用的时候会返回一个生成器对象，使用内置函数 next() 可以取得该生成器的下一个值。

```
>>> g = gen_123()
>>> next(g)
1
>>> next(g)
2
>>> next(g)
3
>>> next(g)
Traceback (most recent call last):
...
StopIteration
```

Python 在 3.3 版本中引入了 yield from，它可以方便地连接两个生成器，如代码 8-4 所示。

代码8-4：生成器例子，使用yield from

```
def gen_123():
    yield 1
    yield from gen_2()
    yield from gen_3()

def gen_2():
    yield 2

def gen_3():
    yield 3
```

新的 gen_123() 函数的调用结果和旧的完全一致，这里就不再列出。

我们可以使用生成器实现树的遍历，方法是找到一条节点值之和等于目标值的路径后就 yield True，此时外部的 next() 函数就会收到这个值并结束。同时使用 yield from 连接递归调用的生成器，保证遍历到所有的路径，在遍历所有的路径后，如果仍没有找到节点值之和等于目标值的路径则返回 False。

使用生成器进行深度优先遍历的代码如代码 8-5 所示。

代码8-5：使用生成器进行深度优先遍历

```
def dfs(root: TreeNode):
    # 遍历顺序：val -> left -> right
    yield root.val
    if root.left:
        yield from dfs(root.left)
    if root.right:
        yield from dfs(root.right)
```

深度优先遍历的三种顺序：

· 前序遍历：根节点→左子树→右子树；

· 中序遍历：左子树→根节点→右子树；

· 后序遍历：左子树→右子树→根节点。

首先构造遍历函数，如代码 8-6 所示。

代码8-6：使用生成器遍历节点

```
def checkPathSum(root, sum):
    # 如果是叶子节点，且节点值之和等于目标值，则yield True
    if not root.left and not root.right and sum == root.val:
        yield True
    # 如果左节点不为空，连接左节点的生成器对象
    if root.left:
        yield from checkPathSum(root.left, sum - root.val)
    # 如果右节点不为空，连接右节点的生成器对象
    if root.right:
        yield from checkPathSum(root.right, sum - root.val)
```

接下来是外部函数，因为生成器只会返回 True，我们只要使用 next() 函数调用生成器一次即可，为了处理生成器为空的情况，需要传入默认值 False，如代码 8-7 所示。

代码8-7：返回生成器的结果

```
def hasPathSum(root: TreeNode, sum: int) -> bool:
    # 返回checkPathSum的第一个返回值（必定为True）
    # 没有则返回False
    return next(checkPathSum(root, sum), False)
```

扫码看视频

小 结

本节介绍了使用列表和生成器遍历树的节点的两种方式，这两种方式后续也会被应用在不同的题目中。其中，生成器适用的场景更加广泛，因为它可以很灵活地调整遍历顺序；而列表对于广度优先遍历更加友好。

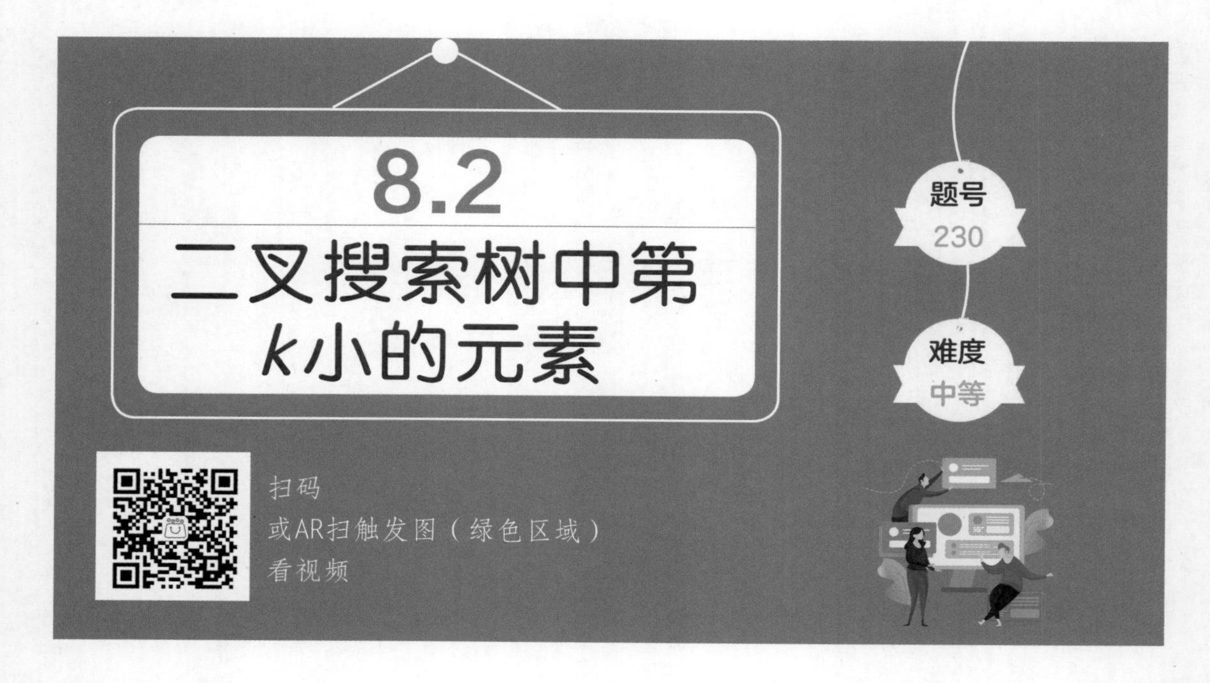

问题描述

给定一个二叉搜索树，编写一个函数 kthSmallest() 来查找其中第 k 小的元素。给定的 k 总是有效的，1 ≤ k ≤ 二叉搜索树元素个数。

示 例

如图**8-5**所示的二叉搜索树，给定$k = 2$时，返回**2**。

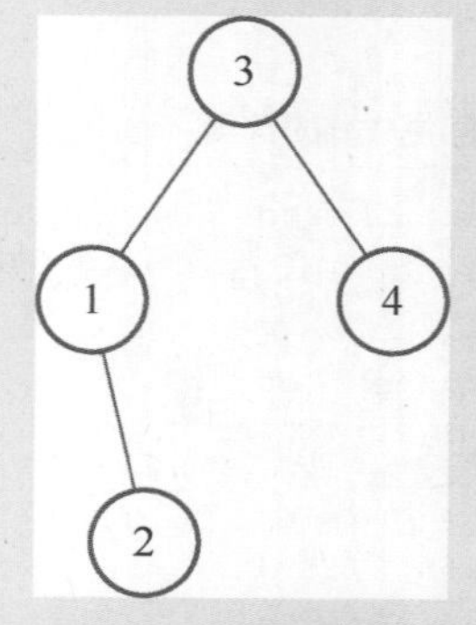

图 8-5　二叉搜索树

题目解析

做这道题之前需要熟悉二叉搜索树的定义。其定义如下：二叉搜索树是一种特殊的二叉树，它的左节点及其所有子节点的值均小于根节点的值，右节点及其所有子节点的值均大于根节点的值，同时所有子树均满足这两个特点。

对于二叉搜索树来说，按照左子树一根节点一右子树顺序的中序遍历就可以按照从小到大的顺序遍历整个树，第 k 小的元素就是按照这个顺序遍历的第 k 个元素。中序遍历如图 8-6 所示，图中箭头表示遍历的顺序，绿色虚线表示两个节点并不存在直接关系。

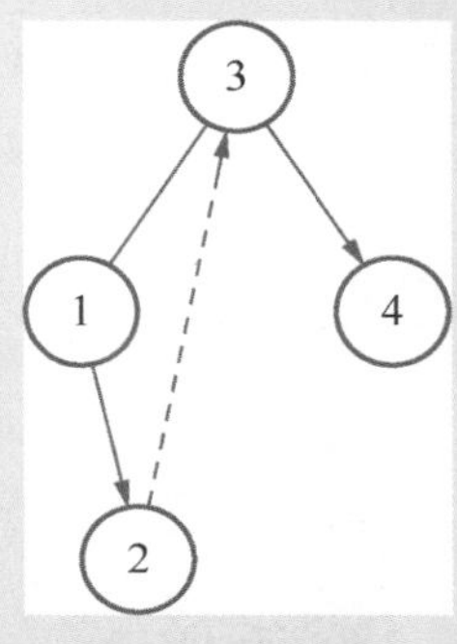

图 8-6 中序遍历

推荐解法

首先使用生成器编写中序遍历函数，如代码 8-8 所示。

然后使用 for 循环取出生成器的第 k 个元素，并返回它的值，如代码 8-9 所示。

代码8-8：使用生成器编写中序遍历函数

```
def inorder(root: TreeNode):
    if root:
        # 参考二叉搜索树的定义
        # 按照左子树-根节点-右子树的顺序遍历
        yield from inorder(root.left)
        yield root.val
        yield from inorder(root.right)
```

代码8-9：从生成器中取出第k个元素，并返回它的值

```
def kthSmallest(root: TreeNode, k: int) -> int:
    # 不断地从遍历函数接收返回值，同时减小计数器
    for i in inorder(root):
        k -= 1
        # 计数器为0，说明是第k小的值，返回该值
        if k == 0:
            return i
```

小结

本节首先介绍了二叉搜索树的特性，在掌握了这个特性后，使用生成器编写出相应的遍历函数，剩下的部分也就水到渠成。

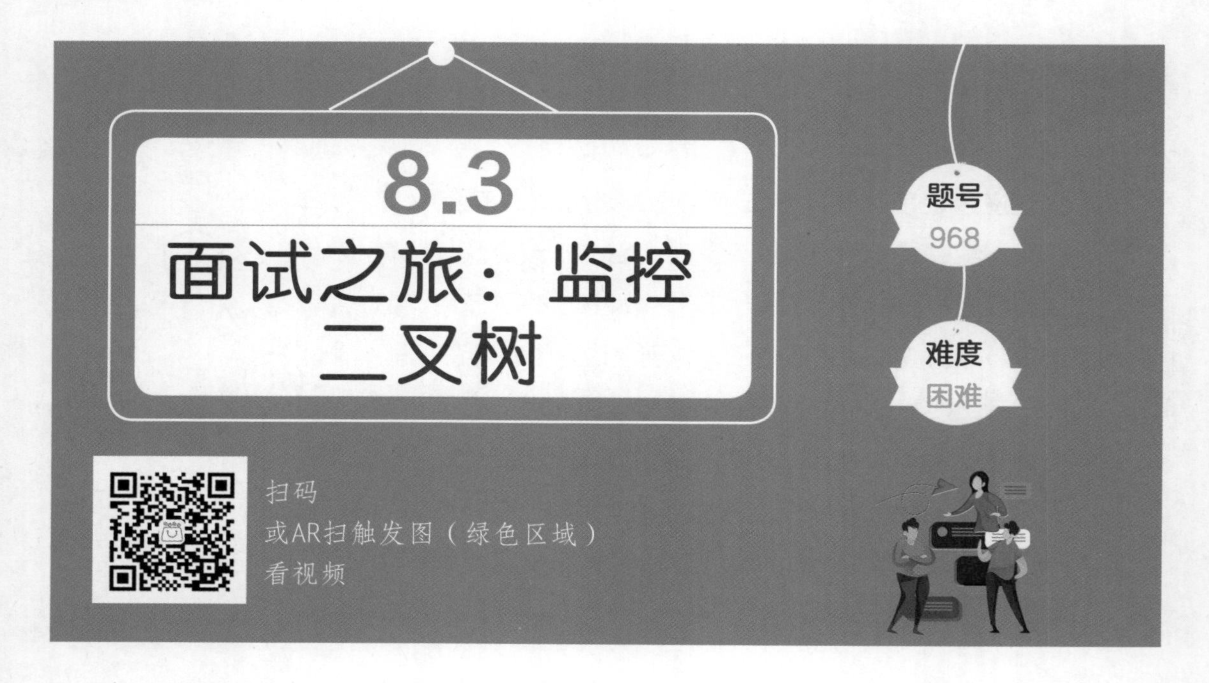

问题描述

给定一个二叉树，我们在树的节点上安装摄像头。节点上的每个摄影头都可以监视自身及相邻的亲节点和子节点。请计算监控树的所有节点所需的最少摄像头数量。

示 例

如图8-7所示的二叉树，一个摄像头就可以监控所有节点，返回1。

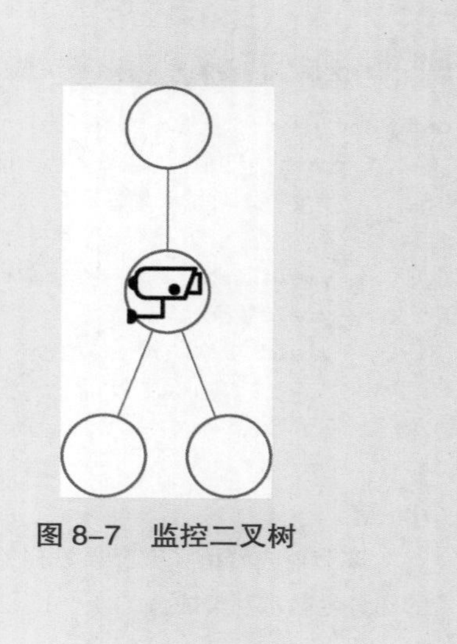

图 8-7　监控二叉树

题目解析

思考方向

在没有头绪的时候，动态规划法是最直接且值得信赖的解法，利用动态规划法的难点仍然是如何将问题转化成子问题。

这里的子问题就是如何从左节点和右节点的返回值得到最终的返回值，除了返回最少的摄像头数量外，还需要返回一个状态值，标识子节点是否安装了摄像头，或者是否需要亲节点安装摄像头。

可以画一个表格来表示子节点状态和亲节点状态之间的关系。如果子节点已经被摄像头覆盖，那么亲节点可以返回未覆盖状态，且要求上一级节点必须安装摄像头。如果子节点没有被摄像头覆盖，那么亲节点必须安装摄像头，以覆盖子节点。我们用棕色、黄色和绿色分别代表未覆盖、已覆盖和已安装三种状态，子节点状态和亲节点状态的全部对应关系如表 8-1 所示。

表 8-1　子节点状态和亲节点状态的对应关系

左节点 \ 右节点	未覆盖	已覆盖	已安装
未覆盖	已安装	已安装	已安装
已覆盖	已安装	未覆盖	已覆盖
已安装	已安装	已覆盖	已覆盖

向面试官讲解思路

- 使用动态规划法，每个节点的最少值可以由子节点的状态值推算得出。
- 每个节点存在三种状态，子节点在三种状态下的最少值都需要返回。
- 绘制表 8-1，分析子节点状态和亲节点状态的对应关系。
- 时间复杂度为 $O(n)$。

白板编写

首先编写根据子节点的最少摄像头数量和状态，得到亲节点的最少摄像头数量和状态的函数，如代码 8-10 所示。返回值是未覆盖、已覆盖和已安装三种状态下的最少摄像头数量。在得到子节点的值后，根据表 8-1 找出对应颜色的格子，取所有可能值的最小值。

代码8-10：亲节点和子节点的状态转换函数

```
# 返回未覆盖、已覆盖和已安装三种状态下的最少摄像头数量
def min_camera(root):
    if not root:
        # 空节点不可能处于“已安装”状态
        return 0, 0, float(“inf”)
    lc = min_camera(root.left)
    rc = min_camera(root.right)
    return [
        # 子节点都处于已覆盖状态，亲节点可以是未覆盖状态
        lc[1]+rc[1],
        # 如果任何一个子节点安装了摄像头，亲节点都处于已覆盖状态
        min(lc[2]+rc[1], rc[2]+lc[1], rc[2]+lc[2]),
        # 如果任何一个子节点没有被覆盖，亲节点需要安装摄像头
        min(lc[0]+min(rc), rc[0]+min(lc))+1
    ]
```

最终结果是未覆盖状态加上 1 和其他两个值做比较，如代码 8-11 所示。

代码8-11：最终返回值

```
def min_camera_cover(root: TreeNode) -> int:
    amounts = min_camera(root)
    return min(amounts[0]+1, amounts[1], amounts[2])
```

优化解法

这道题目有一个符合直觉但是在面试环境下容易被排除的优化做法：把摄像头放在所有叶子节点的亲节点上，然后自底向上遍历，根据下层摄像头的覆盖情况决定当前节点是否需要安装摄像头。

在练习了第 11 章提到的顶点着色问题后，我们会对这个优化算法更有信心。可以概括性地描述为，叶子节点只能覆盖相邻的一个节点，但是叶子节点的亲节点可以覆盖 2~3 个相邻节点，所以把摄像头放在叶子节点的亲节点上可以节省摄像头数量，如图 8-8 所示。

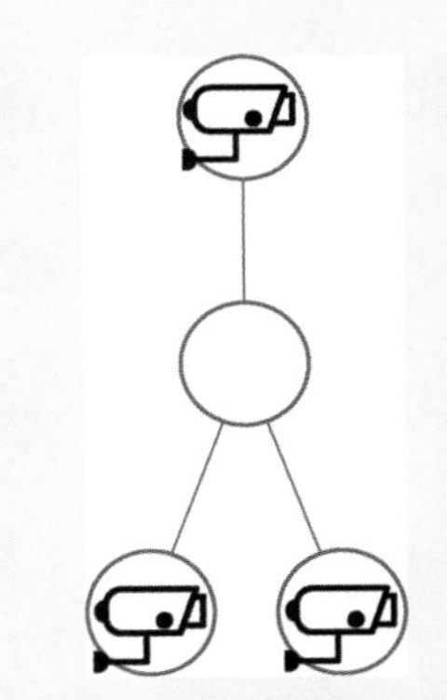

图 8-8　如果摄像头放在叶子节点，需要三个

优化后的转换函数有以下几种情况：

1. 有一个子节点为未覆盖状态，返回已安装状态；
2. 有一个子节点为已安装状态，返回已覆盖状态；
3. 否则返回未覆盖状态；
4. 当前节点为空节点，返回已覆盖状态；
5. 当前节点为叶子节点，返回未覆盖状态，和 3、4 一致。

通过这个优化，可以简化动态规划法的逻辑，返回值改为单一的数字和节点的状态，根据表 8-1 可以得出节点和子节点的状态转换关系，如代码 8-12 所示。

代码8-12：节点和子节点的状态转换函数

```
class Status(Enum):
    UNCOVERED = 0
    COVERED = 1
    INSTALLED = 2

def minCamera(root):
    if not root:
        # 空节点处于已覆盖状态，不需要亲节点安装摄像头
        return 0, Status.COVERED
    L, SL = minCamera(root.left)
    R, SR = minCamera(root.right)
    # 如果任何一个子节点没有被覆盖，亲节点需要安装摄像头
    if SL == Status.UNCOVERED or SR == Status.UNCOVERED:
        return L+R+1, Status.INSTALLED
    # 如果任何一个子节点安装了摄像头，亲节点处于已覆盖状态
    if SL == Status.INSTALLED or SR == Status.INSTALLED:
        return L+R, Status.COVERED
    return L+R, Status.UNCOVERED
```

接下来是最终的返回结果，如果根节点处于“未覆盖”状态，需要加 1 再返回，如代码 8-13 所示。

代码8-13：最终返回值

```
def minCameraCover(root: TreeNode) -> int:
    amount, s = minCamera(root)
    # 如果根节点处于未覆盖状态，加1再返回
    if s == Status.UNCOVERED:
        return amount+1
    return amount
```

小结

本节使用动态规划法和优化后的确定性解法解决了监控二叉树问题，有兴趣的读者可以阅读第11章关于图论的内容或相关资料。

本章总结

本章介绍了遍历和动态规划法在树相关的算法题中的应用。因为树其实是一种特定的图，所以掌握了图的相关知识对于解决树相关的问题也有帮助。

扫码看视频

第09章

字符串

随着互联网开发越来越重要，字符串处理在日常工作中的占比越来越大。其中最重要的字符串搜索将放在下一章专门讨论，本章主要集中在利用字符串特性的题目上。

字符串是零个到多个字符的序列，而字符可以用数字表示，所以字符串也可以看作整数的数组。不同字符的集合称为字符集，ASCII 字符集包含的是整数 0~127 对应的字符，而 Unicode 字符集有 143 924 个字符[①]。

在没有特殊说明时，大部分字符串题目中的字符都是小写字母，这样的字符串既可以使用元素为 1~26 的整数数组表示，也可以用小写字母作为键、下标数组为值的哈希表表示。比如字符串“subsequence”就可以对应数组 [19, 21, 2, 19, 5, 17, 21, 5, 14, 3, 5]，也可用哈希表表示，如表 9-1 所示。当然字符串本身作为字符的数组也是一种表示方法。

① Unicode 字符集是由统一编码联盟发布的字符集合，包含了全球使用的各种语言，也是各种编程语言内置的字符集。

表 9-1 字符串的数组和哈希表两种表示方法

下标	字符	a~z 对应的整数	哈希表中对应的值
0	s	19	[0, 3]
1	u	21	[1, 6]
2	b	2	[2]
3	s	19	
4	e	5	[4, 7, 10]
5	q	17	[5]
6	u	21	
7	e	5	
8	n	14	[8]
9	c	3	[9]
10	e	5	

问题描述

给出一本由字符串数组 words 中的元素组成的英语词典，从中找出最长的一个单词，该单词是由 words 词典中的其他单词逐步添加一个字母组成的。若有多个可行的答案，则返回答案中字典序最小的单词。若无答案，则返回空字符串。

示例

输入: words = ["w","wo","wor","worl", "world"]

输出: "world"

解释: 单词"world"可由"w""wo""wor"和"worl"逐步添加一个字母组成。

输入: words = ["a", "banana", "app", "appl", "ap", "apply", "apple"]

输出: "apple"

解释: "apply"和"apple"都能由词典中的单词组成，但是"apple"的字典序小于"apply"。

注意

- 所有输入的字符串都只包含小写字母。
- words数组长度范围为[1,1000]。
- words数组中每个单词的长度范围为[1,30]。

题目解析

虽然这道题目的难度被标记为“简单”，但是其解法并不是一目了然的。难点在于设计存储字符串数组的数据结构，一方面数据结构是有序的，需要按照长度和字典序排序；另一方面又需要查找快速。我们可以同时维护两个数据结构，一个是按照长度和字典序排序的列表，每次按照顺序从列表中取值，查看该单词是否符合条件；另一个则是集合，用来快速查找单词是否在该集合中。因为需要排序，所以时间复杂度是 $O(n\log(n))$。

回到题目给出的条件，words 数组中每个单词的长度在 1 到 30 之间。根据这个特点，我们可以利用类似桶排序①的方法，按照字符串的长度把字符串放入不同的“桶”中，这样就可以节省排序的时间。时间复杂度变为 $O(m\log(m))$，其中 m 是最大的“桶”包含的字符串数量，分配均匀的情况下，$m = n/30$。

示例中的字符串数组可以按图 9-1 所示的方法放入不同的“桶”中。

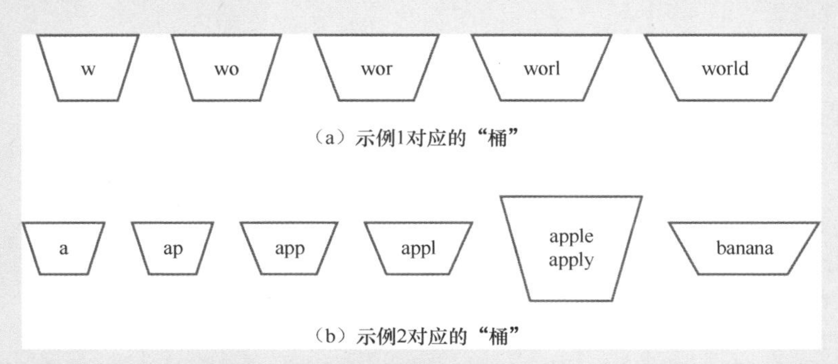

图 9-1　把输入的字符串数组按照字符串长度放入不同的“桶”中

① 桶排序是指将待排序元素放入数量有限的“桶”中，因为“桶”是有顺序的，所以对每个“桶”进行个别排序后得到的结果也是有序的。而“桶”中的元素数量比整体排序少，因此排序速度比整体排序快。

推荐解法

根据题目的要求，首先构造 30 个集合，并根据字符串长度将输入的字符串数组添加到这 30 个集合中，如代码 9-1 所示。

代码9-1：初始化30个集合，并将输入的字符串数组添加到对应的集合中

```
if not words: return ""

buckets = [set() for i in range(30)]
for word in words:
    buckets[len(word) - 1].add(word)
```

然后从字符串最长的“桶”中依次取出字符串，判断该字符串是否可由 words 词典中的其他单词逐步添加一个字母组成。方法是取出该字符串的所有前缀字符串，查看是否所有的前缀字符串都在对应的“桶”中，如果是就返回该字符串，如代码 9-2 所示。

代码9-2：从字符串最长的集合开始依次判断字符串是否满足要求

```
for i in range(29, 0, -1):
    # 使用sorted对set进行字典序排序
    for word in sorted(buckets[i]):
        for j in range(i, 0, -1):
            # 判断word[0:j]是否在对应的“桶”中
            # 若不在则中止循环
            if word[0:j] not in buckets[j-1]:
                break
        # else语句对应循环没有中止的情况
        # 循环正确结束则说明当前字符串满足条件
        else:
            return word
return sorted(buckets[0])[0]
```

小结

本节使用集合存储字符串以方便快速查找，同时根据题目中字符串长度有限制的特点首先构造了对应的数据结构。

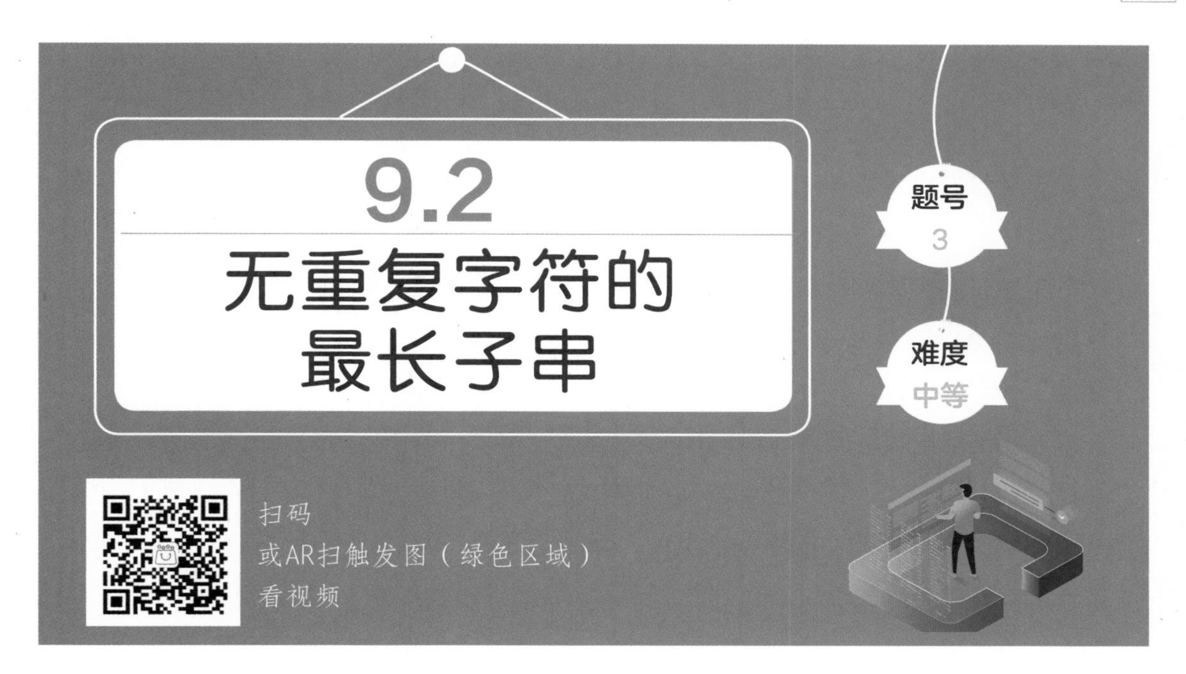

问题描述

给定一个字符串，请找出其中无重复字符的最长子串的长度。

示例

输入: "abcabcbb"

输出: 3

解释: 无重复字符的最长子串是 "abc"，其长度为 3。

输入: "pwwkew"

输出: 3

解释: 无重复字符的最长子串是"wke"，其长度为 3。请注意，"pwke"是一个子序列，不是子串。

题目解析

这道题目被标记为“中等”难度的原因是容易出错，和 5.1 节的最长子序列和的题目一样，如果没有整理好思路就贸然编写程序，出错后很难找到修改的方法。

和最长子序列和的题目一样，需要记录一个全局最长子串的长度、包含当前字符的无重复字符最长子串长度，以及保存每个字符出现的哈希表，总共需要 3 个变量。

为了保持逻辑的简洁，我们并不保存包含当前字符的无重复字符最长子串长度，而是保存起始位置。下次遇到出现过的字符时，只需要比较该字符上次出现的位置是否在起始位置后面，如果是则需要更新起始位置，同时计算并比较当前长度和全局长度，如果当前长度比较长则更新全局长度。该过程如图 9-2 所示。

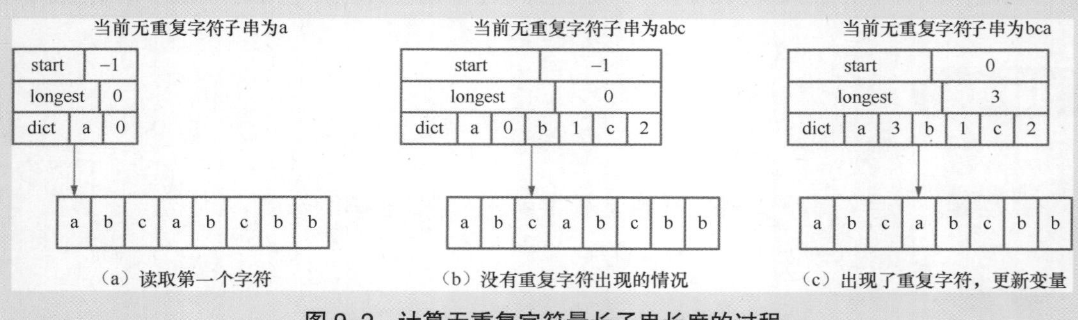

图 9-2　计算无重复字符最长子串长度的过程

推荐解法

首先是初始化需要的 3 个变量，如代码 9-3 所示。

代码9-3：初始化需要的3个变量

```
d = {}  # 字符 => 上一次出现的位置
longest = 0 # 全局最长的无重复字符子串长度
start = -1 # 重复字符上一次出现的位置
```

然后按顺序遍历输入的字符串，遇到重复字符时需要判断是否更新相应的变量，如代码 9-4 所示。

代码9-4：按顺序遍历输入的字符串，并根据情况判断是否更新相应变量

```
for i, c in enumerate(s):
    # 如果出现了重复字符，且大于上次出现的位置
    # 需要重新计算当前最长的无重复字符子串长度
    if c in d and d[c] > start:
        longest = max(longest, i-start-1)
        start = d[c]
    d[c] = i
# 结束循环后，再次更新全局最长的无重复字符子串长度
return max(longest, len(s)-start-1)
```

小结

本节利用哈希表记录重复字符出现的位置，解决了无重复字符、最长子串的问题，时间复杂度是 $O(n)$。

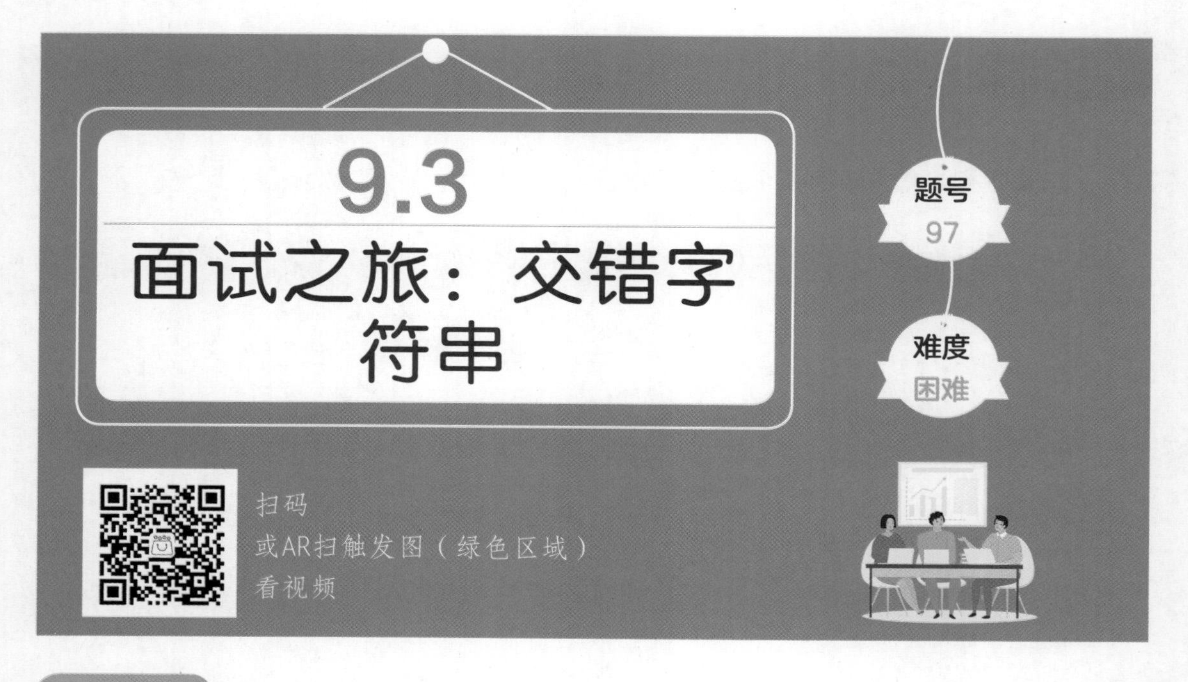

问题描述

给定 3 个字符串 s1、s2 和 s3，验证 s3 是否由 s1 和 s2 交错组成。

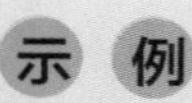

输入: s1 = "aabcc", s2 = "dbbca", s3 = "aadbbcbcac"

输出: True

输入: s1 = "aabcc", s2 = "dbbca", s3 = "aadbbbaccc"

输出: False

题目解析

这道题目仍然可以使用动态规划法，s3 的第 1 个字符可能来自 s1 的第 1 个字符或 s2 的第 1 个字符；s3 的前 2 个字符可能来自 s1 的前 2 个字符、s2 的前 2 个字符，或由 s1 和 s2 的第 1 个字符交错组成。如果 s3 的前 $i+j$ 个字符由 s1 的前 i 个字符和 s2

的前 j 个字符交错组成，那么需要继续判断 s3 的第 $i+j+1$ 个字符是否等于 s1 的第 $i+1$ 个字符或 s2 的第 $j+1$ 个字符。该过程如图 9-3 所示。

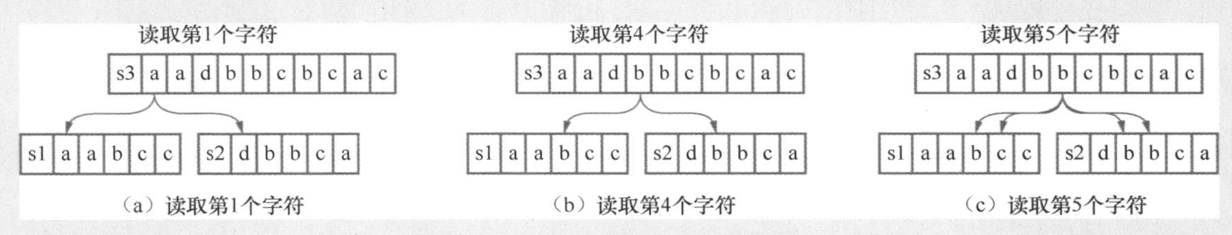

图 9-3 计算交错字符串的过程

我们可以使用一个二维数组来保存中间状态，其第 (i,j) 个元素表示 s3 的前 $i+j$ 个字符是否由 s1 的前 i 个字符和 s2 的前 j 个字符交错组成。而该数组的右下角的值就表示 s3 是否由 s1 和 s2 交错组成。填满这个数组就像走迷宫一样，从左上角开始，每次向右或向下前进一格，最后判断能否到达右下角的终点。计算示例的过程分别如表 9-2 和表 9-3 所示，高亮单元格代表前进路线。

表 9-2 "aadbbcbcac" 可由 "aabcc" 和 "dbbca" 交错组成

s1	s2					
		d	b	b	c	a
a	T	F	F	F	F	F
a	T	T	T	T	T	F
b	F	T	T	F	T	T
c	F	F	T	T	T	T
c	F	F	F	F	F	T

表 9-3 "aadbbbaccc" 不能由 "aabcc" 和 "dbbca" 交错组成

s1	s2					
		d	b	b	c	a
a	T	F	F	F	F	F
a	T	T	T	T	F	F
b	F	T	T	T	F	F
c	F	F	F	F	F	F
c	F	F	F	F	F	F

向面试官解释思路

- 使用动态规划法，并使用二维数组保存中间状态。
- 二维数组的值由左侧和上侧的值得到。
- 最后返回二维数组右下角的值。

白板编写

首先初始化二维数组和二维数组的第 1 行和第 1 列，如代码 9-5 所示。

代码9-5：初始化二维数组

```
dp = [[False] * (n+1) for i in range(m+1)]
# 填写第1行的值
for j in range(n):
    if s3[j] != s2[j]: break
    dp[0][j + 1] = True
# 填写第1列的值
for i in range(m):
    if s3[i] != s1[i]: break
    dp[i + 1][0] = True
```

然后从第 2 行开始逐行更新二维数组，每个元素均通过左侧和上侧的邻近元素的值进行计算，如代码 9-6 所示。

代码9-6：从第2行开始逐行更新二维数组，最后返回右下角的值

```
for i in range(m):
    for j in range(n):
        # s3的第i+j+1个字符是否等于s1的第i+1个字符
        # 或s2的第j+1个字符
        if (dp[i][j + 1] and s3[i + j + 1] == s1[i]) or \
        (dp[i + 1][j] and s3[i + j + 1] == s2[j]):
            dp[i + 1][j + 1] = True

return dp[m][n]
```

小结

虽然这道题的难度被标记为“困难”，但是使用动态规划法仍然可以很轻松地在$O(len(s1) \times len(s2))$时间复杂度内计算出结果。

本章总结

本章使用集合的数组、哈希表和二维数组等数据结构解决了字符串相关的题目，可以看到字符串的题目是练习过的题目的“变种”，掌握了字符串特性后很快就能有思路。

扫码看视频

第10章 字符串搜索

字符串搜索是在一个较长的字符串中找到和另一个较短字符串相同的子串的过程。在日常工作中，我们经常需要在文本、网页或目录中查找一段字符串，这个查找过程就依赖高效的字符串搜索算法。字符串搜索的衍生问题还包括为字符串做索引、字符串拼写检查和正则表达式等问题。

本章通过几个字符串搜索问题帮助大家找到这类问题的解法。

问题描述

给定一个 haystack 字符串和一个 needle 字符串，在 haystack 字符串中找出 needle 字符串出现的第一个位置（从 0 开始）。如果不存在，则返回 -1。[①]

说明：当 needle 是空字符串时，返回 0。

```
输入: haystack = "hello", needle = "ll"
输出: 2
输入: haystack = "aaaaa", needle = "bba"
输出: -1
```

① 这两个变量名源自于英语谚语“在稻草堆中找针”，与成语“大海捞针”的意思相同。

初始解法

这道题目很直接，就是要求实现一个字符串搜索功能，我们首先用循环的方法实现算法，如代码 10-1 所示。

循环的方法虽然写起来很快，但是在比较字符串是否相等的时候需要逐个字符比较，平均时间复杂度是 $O(m)$，总的时间复杂度是 $O(mn)$，其中 n 为 haystack 字符串的长度，而 m 为 needle 字符串的长度。

优化解法

计算字符串对应的散列值

常见的算法书中通常会介绍 KMP 算法等搜索算法。在面试中我更推荐使用容易掌握的 Rabin-Karp 算法。

Rabin-Karp 算法的原理是使用一个较大的数字代表整个字符串。对于长度为 1 的字符串，可以用 1 代表“a”，用 2 代表“b”，依此类推直到用 26 代表“z”。对于长度大于 1 的字符串，可以用基数转换方法。对于只有小写英文字母的情况，因为每一位有 26 个数字可能，为了避免重复，底数至少应该是 27，我们一般用较接近的素数 29 或 31 作为底数以减少规律性。当使用 29 作为底数时，“ab”就对应 29 为底数的“12”，整数值是 31。使用这样的方法，不同的字符串必然只对应唯一的数字。

但是随着字符串长度的增长，字符串对应的数字增长得非常快，当字符串长度为 7 时，可以对应的数字已经大于 32 位整数的上限。为了避免数字太大带来的计算速度降低，我们一般使用一个比较大的素数，然后做取余操作。这个素数一般是 10^9+7，一个原因是它比较好记，另一个原因是它足够大。这个“基数转换一取余数”的过程也是常见的计算散列值的过程。

因为取余数后字符串对应的整数被映射到一个较小的区间，所以两个不同的字符串可能会得到相同的散列值，这个时候就需要在散列值一致时再次验证两个字符串是否相等。

代码10-1：使用循环实现字符串搜索

```
def str_str(haystack: str, needle: str) -> int:
    if not needle:
        return 0

    for i in range(len(haystack)-len(needle)+1):
        if haystack[i:i+len(needle)] == needle:
            return i
    return -1
```

高效地循环计算散列值

对于示例中的 haystack=“hello”，needle=“ll”的情况，我们需要把 haystack 字符串的所有长度为 2 的子串列出，计算它们的散列值，并和 needle 字符串做比较。如果 needle 字符串长度比较大，显然每次计算 m 位字符串对应的散列值很浪费时间，我们应该想办法节省这个时间，尽量利用前一个子串的散列值计算出后一个子串的散列值。

比如，根据“hell”的散列值计算“ello”的散列值，首先需要减去高位的“h”对应的值，得到“ell”的散列值，然后将得到的值乘以底数并加上“o”对应的值就是“ello”的散列值。因为字符串的长度是一定的，所以每次减去的高位字母对应的数字其实是一个定值（底数的 $m-1$ 次幂）的整数倍，我们可以预先计算出这个值以加快计算过程。

代码

首先是计算散列值需要的常量和计算字符对应值的函数，如代码 10-2 所示。

代码10-2：底数、用于取余数的素数和计算字符对应值的函数

```
BASE = 29
BIG_PRIME = 100_000_000_7

def code(c: str) -> int:
    # “a”对应ASCII码是97，输出值为1
    return ord(c) - 96
```

其次是计算字符串对应的散列值的函数，如代码 10-3 所示。

代码10-3：计算字符串对应的散列值的函数

```
def hashCode(s: str) -> int:
    v = 0
    for c in s:
        v = (v * BASE + code(c)) % BIG_PRIME
    return v
```

然后是需要用到的几个初始值，包括 needle 和 haystack 字符串的第一个子串的散列值和底数 m 次幂的余数，如代码 10-4 所示。

代码10-4：需要用到的几个初始值

```
# needle字符串的长度经常用到，保存为变量
m = len(needle)
# 计算needle和haystack字符串的第一个子串的散列值
target = hashCode(needle)
source = hashCode(haystack[0:m])
# RM是底数的m次幂对于BIG_PRIME的余数
RM = 1
for i in range(m):
    RM = (RM * BASE) % BIG_PRIME
```

最后是循环计算散列值并将其和目标值做比较的过程，如代码 10-5 所示。

代码10-5：循环计算散列值并将其和目标值做比较

```
if target == source and haystack[0:m] == needle:
    return 0
for i in range(len(haystack) - m):
    # 进位，减去高位的余数，并加上低位对应的值，最后再取余数
    source = (source * BASE - code(haystack[i]) * RM +
              code(haystack[i + m])) % BIG_PRIME
    if target == source and haystack[i+1:i+m+1] == needle:
        return i+1
return -1
```

小结

本节使用Rabin-Karp算法，通过不断地计算散列值并将其和目标值做比较，实现了字符串搜索功能。

这个算法的优点是空间复杂度很小，全程只需要保存几个数字，而且理解起来比KMP算法或Bayer Moore算法更加简单，非常适合面试时编写。

但这个算法也是有缺点的，最大的缺点是在乐观的情况不能节省比较时间。比如在“zzzzzzabcd”字符串中查找“abcd”子串的时候，无法跳过最前面明显不匹配的数个“z”，仍然需要不断地计算散列值，导致在没有太多干扰项的情况下比别的算法多花一些时间。

问题描述

给定一个字符串和一个字符串数组（字典），找到字典中最长的单词，该单词可以通过删除给定字符串的某些字符得到。如果答案不止一个，返回长度最长且字典序最小的单词。如果答案不存在，则返回空字符串。

示例

```
输入: s = "abpcplea", d = ["ale","apple","monkey","plea"]
输出: "apple"
输入: s = "abpcplea", d = ["a","b","c"]
输出: "a"
```

说明

- 所有输入的字符串只包含小写字母。
- 字典的大小不会超过1000。
- 所有输入的字符串长度不会超过1000。

题目解析

如果从字符串删除字母可以得到字典里的单词，那么该单词是字符串的一个子序列，即该单词是由字符串中按顺序但未必连续的字母组成的，如图 10-1 所示。

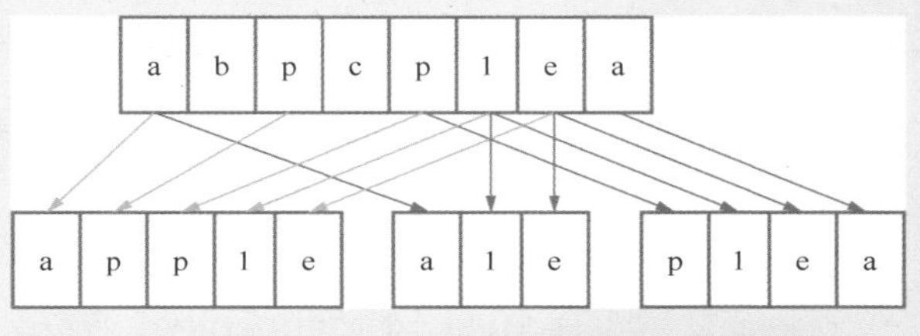

图 10-1　从“abpcplea”删除字母可得到的单词

程序需要遍历字典中的字符串，并判断该字符串是否是给定字符串的子序列。找到了一个结果后，该字符串的判断标准变为以下内容：

· 比当前返回结果更长；

· 或者和当前返回结果长度一样，但是字典序更小；

· 是给定字符串的子序列。

初始解法

首先编写判断字典中的单词是否是给定字符串的子序列的函数。可以使用两个指针，一个指向该单词的开头，另一个指向给定字符串的开头。如果相等则两个指针同时向右移动，不相等则只移动给定字符串的指针。该函数的代码如代码 10-6 所示。

然后是遍历字典并得到返回结果的过程，如代码 10-7 所示。

代码10-6：判断单词是否是给定字符串的子序列的函数

```
def match(s: str, p: str) -> bool:
    i, j = 0, 0
    while i < len(s):
        if j == len(p): return True
        if s[i] == p[j]: j += 1
        i += 1
    return j == len(p)
```

代码10-7：遍历字典并得到返回结果

```
def find_longest_word(s: str, d: List[str]) -> str:
    r = ""

    for entry in d:
        if ((len(entry) == len(r) and entry < r)
                or len(entry) > len(r)) and match(s, entry):
            r = entry
    return r
```

优化解法

为了加快判断单词是否是给定字符串的子序列的速度，减少循环的次数，可以根据字符串建立一个索引。这样判断的过程就变为：每次取出一个字符，在索引中找寻该字符下一个出现的位置，取出所有的字符。这个索引如表 10-1 所示。

表 10-1　对“abpcplea”字符串建立的字符和下标对应的索引

索引	0	1	2	3	4	5	6	7
a	0							7
b		1						
p			2		4			
c				3				
l						5		
e							6	

搜索“apple”是否为“abpcplea”的子序列的时候，其对应的下标依次为 0-2-4-5-6，下标均存在且依次上升，所以“apple”是“abpcplea”的子序列，表 10-1 中的绿色单元格就是使用到的下标。

建立索引的过程如代码 10-8 所示。

代码10-8：遍历输入字符串，建立索引

```
def find_longest_word(s: str, d: List[str]) -> str:
    m = {}
    for i, c in enumerate(s):
        if c in m:
            m[c].append(i)
        else:
            m[c] = [i]

    r = ""
    for entry in d:
        if ((len(entry) == len(r) and entry < r)
                or len(entry) > len(r)) and match(m, entry):
            r = entry
    return r
```

使用索引判断子序列的过程如代码 10-9 所示。

代码10-9：使用索引，判断单词是否是给定字符串的子序列

```
def match(m: dict, p: str) -> bool:
    index = -1
    for c in p:
        indices = m.get(c, [])
        if not indices:
            return False
        # 使用二分查找，查找下一个比当前下标大的值
        bi = bisect_right(indices, index)
        if bi >= len(indices):
            return False
        # 更新当前下标
        index = indices[bi]
    return True
```

小 结

本节介绍了如何为字符串建立索引，并使用该索引加快判断子序列的过程。这样的优化在字符串相关的问题中非常普遍，请读者熟练掌握。

问题描述

“开心前缀”是指在原字符串中既是非空前缀也是后缀的子串，不包括原字符串自身。

给出一个字符串，请返回它的最长开心前缀。如果不存在满足题意的开心前缀，则返回一个空字符串。

示例

输入: s = "level"

输出: "l"

解释: 不包括*s*自身，一共有4个前缀（"l""le""lev""leve"）和4个后缀（"l" "el" "vel" "evel"）。既是前缀也是后缀的最长字符串是"l"。

题目解析

这道题目和 10.1 节的题目有些相似，使用遍历不断地比较不同长度的前缀和后缀是否相等也可以得到结果。但是和最小好进制题目一样，这道题目也必须找出优化算法，否则会超时。

使用散列值的优化方法在这里也可以使用，10.1 节我们找到了相邻散列值之间的计算公式，这道题目同样可以找一下规律。

向面试官解释思路

· 使用为字符串建立散列值的方法寻找开心前缀。

· 长度增加时，下一个前缀是上一个前缀乘以底数加下一个字母的值。

· 下一个后缀是上一个后缀加下一个字母的值乘以底数的（长度 - 1）次幂。

· 如果散列值相等，需要检查实际的字符串以避免不同的字符串计算得到相同的散列值。

示例

输入: s = "abcd"

输出: ""

解释: "abcd"没有既是前缀也是后缀的字符串，返回""。

说明

·1 ≤ s.length ≤ 10^5。

·s只包含小写英文字母。

白板编写

首先是初始化需要的几个变量，分别是当前最长的开心前缀、当前的前缀、当前的后缀和底数的幂，如代码 10-10 所示。

然后就是循环部分，如代码 10-11 所示。

代码10-10：初始化需要的几个变量

```
n = len(s)
longest = ""
prefix = code(s[0])
suffix = code(s[-1])
# 底数的n-1次幂
power = 1
```

代码10-11：循环比较散列值，并计算下一个前缀和后缀的散列值

```
for i in range(1, n):
    # 如果当前前缀等于当前后缀，更新最长开心前缀为当前前缀
    if prefix == suffix and s[0:i] == s[n-i:]:
        longest = s[0:i]
    prefix = (prefix * BASE + code(s[i])) % BIG_PRIME
    power = (power * BASE) % BIG_PRIME
    suffix = (code(s[n-i-1]) * power + suffix) % BIG_PRIME

return longest
```

平均复杂度是 $O(n)$，因为我们只计算了 $2n$ 次散列值，n 为输入字符串的长度。但是如果输入是“aaa…aaa”这样单纯由同一字符组成的字符串，验证字符串是否相等的时间复杂度为 $O(n^2)$。可以通过随机抽取的方法来降低验证字符串是否相等的时间复杂度，使总的时间复杂度为 $O(n)$。

小结

本节使用计算散列值的方法解决了最长开心前缀问题，这个算法非常适合相邻散列值之间有规律的问题。

本章总结

本章使用了散列值和建立索引来加快字符串搜索的方法。因为散列值只是一个数字，非常节省内存，所以有些时候可以根据需要同时计算多个散列值，以满足多个可能的搜索条件。

扫码看视频

第11章

图相关的算法题是比较难的，因此被很多面试官用来区分面试者的水平高低，面试者因为畏惧，在相关题目上往往发挥不好。

图的定义本身很简单，就是顶点集合与边集合的二元组。对于有 N 个顶点的图，我们可以用一个 $N\times N$ 的整数矩阵来表示，其中第 (i,j) 项表示第 i 个顶点到第 j 个顶点是否有边连接。

经过前面动态规划法相关的题目练习，我们对使用二维矩阵解题已经很熟悉，所以对于图相关的算法题也不必慌张，耐心地一步一步推导就可以找出最终的解法。本章就通过几道典型的图的题目的练习让读者在面对类似题目时不再紧张。

问题描述

有 N 个花园，按从 1 到 N 进行标记。在每个花园中，你打算种下四种花之一，paths[i] = [x, y] 描述了花园 x 到花园 y 的双向路径。另外，没有花园有 3 条以上的路径可以进入或离开。

你需要为每个花园选择一种花，使得通过路径相连的任何两个花园中的花的种类互不相同。

以数组形式返回选择的方案作为答案 *answer*，其中 *answer*[i] 为在第 $i + 1$ 个花园中种植的花的种类。花的种类用 1、2、3、4 表示。保证存在答案。

```
输入: N = 3, paths = [[1, 2], [2, 3], [3, 1]]
输出: [1, 2, 3]
输入: N = 4, paths = [[1, 2], [3, 4]]
输出: [1, 2, 1, 2]
```

题目解析

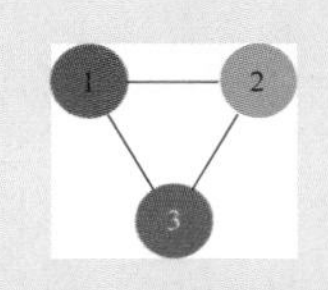

图 11-1　完全图，最小需要 3 种颜色

题目中提到路径是双向的，所以对应的图是无向图，对应的题目是顶点着色问题。顶点着色问题指的是将一张图上的每个顶点染色，使得相邻的两个点颜色不同，求需要的最小颜色数或每个顶点具体的颜色。

如果一个图是完全图，即顶点之间两两相连比如示例 1，那么需要的最小颜色数就是顶点的个数，参考图 11-1。而对于其他的图，比如示例 2，需要找出该图中满足完全图属性的子图，参考图 11-2。因为题目中限定没有花园有 3 条以上的相邻路径，所以最多只需要 4 种颜色。

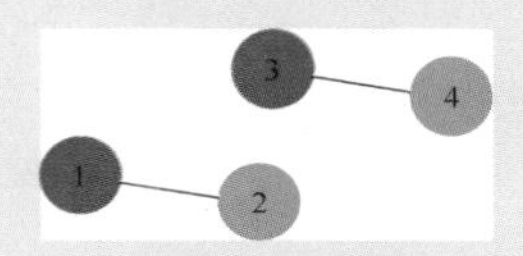

图 11-2　非完全图，最小需要 2 种颜色

推荐解法

对于顶点着色问题，我们用一种直接的算法就可以解决，方法是按照次序，选择可能的颜色中颜色数最小的。比如在示例 1 中，花园 1 使用颜色 1；花园 2 因为和花园 1 相邻，使用颜色 2；花园 3 因为和花园 1、花园 2 相邻，使用颜色 3，过程如图 11-3 所示。因为一个花园最多和 3 个花园相邻，所以每个花园在 4 种选择中去掉相邻花园的颜色后，都至少有一种选择。

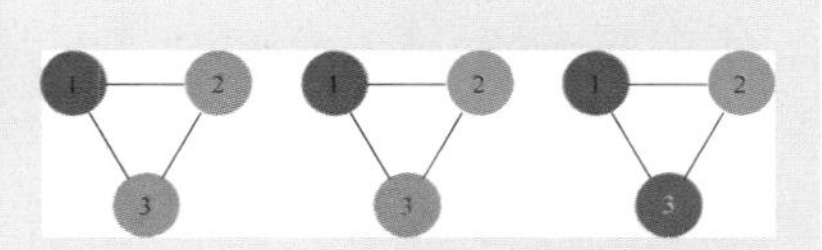

图 11-3　按节点顺序染色

首先需要从给定的 paths 数组得到每个花园对应的相邻花园的数组，如代码 11-1 所示。

代码11-1：根据paths得到每个花园对应的相邻花园的数组

```
# 从paths得到每个节点的相邻节点
d = [[] for _ in range(N)]
# 节点大的排在前面
for path in paths:
    n, m = max(path), min(path)
    d[n - 1].append(m)
s = {1, 2, 3, 4}
```

这里使用 Python 内置的集合存储可选的 4 种颜色。然后使用相减操作去掉每个花园相邻花园的颜色，取最小的可选颜色，如代码 11-2 所示。

代码11-2：每次从可选的4种颜色中去掉相邻花园的颜色，然后取最小值

```
result = [1] * N
for i in range(N):
    used = {result[j - 1] for j in d[i]}
    if not used: next
    result[i] = sorted(s - used)[0]
return result
```

扩展知识：和监控二叉树问题的联系

前面提到过监控二叉树问题和顶点着色问题的联系，下面来进行具体分析。

树是一种特殊的图。树的亲子关系就是图的边，而隔代之间不存在边，树的两个节点之间沿着边到达的方式只有一种，所以树被称作无环连通图。

树的顶点着色问题的最小颜色数是 2，从树的根节点开始，每一层的子节点选取和亲节点不一样的颜色就可以使用 2 种颜色对树进行着色。假设我们用棕色和黄色代表节点的“有摄像头”和“无摄像头”两种状态，那么该问题就变成了使用棕、黄两色对二叉树染色，其中红色可以相邻，但是蓝色不可以相邻，如何让红色的节点数最少。

首先我们使用间隔着色的方法，可以得到两种不同的方案，分别如图 11-4 和图 11-5 所示，我们选取红色节点数较少的方案 1。然后再对其进行优化，得到方案 3，如图 11-6 所示。这就是和 8.3 节优化相符的方法，不允许叶子节点安装摄像头，从而得到最少的摄像头数量。

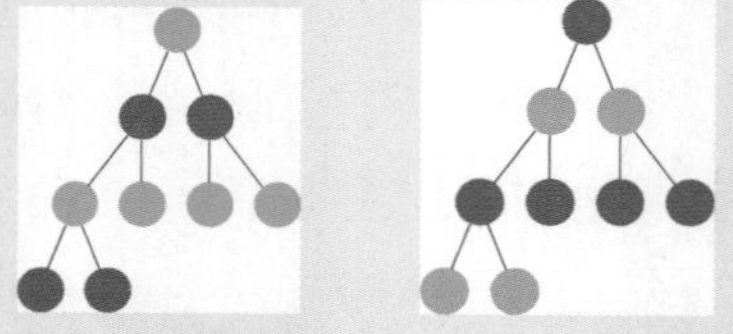

图 11-4　方案 1　　图 11-5　方案 2　　图 11-6　方案 3

小结

本节介绍了如何解决顶点着色问题，以及顶点着色问题和监控二叉树问题之间的联系。

问题描述

有 n 个城市通过 m 个航班连接，所有的航班均为单程且价格固定。

现在给定所有的城市和航班，以及出发城市 src 和目的城市 dst，请找出最多经过 k 站中转的最便宜的航班价格。如果没有这样的路线，则输出 −1。

示例

输入: n = 3, edges = [[0, 1, 100], [1, 2, 100], [0, 2, 500]]
src = 0, dst = 2, k = 1

输出: 200

解释: 城市航班图如图11-7所示，从城市0到城市2在1站中转以内的路线有2条，分别如图中的绿色和黄色所示，最便宜的航班价格是绿色路线的200。

图 11-7　航班图

题目解析

这道题目中的航班是单程的，对应的图是有向图，对应的问题是最短路径问题。最短路径问题指的是在边有权重（也叫距离）的图中找出连接两点的最短距离的路径。比如，计算在地图中两点之间的最短距离导航路线就是一个典型的最短路径问题。

这道题目可以用两种方法来解决：一种是使用在第08章中练习过的深度优先遍历算法，另一种是专门用来解决最短路径问题的 Dijkstra 算法。

初始解法

使用深度优先遍历算法，首先要做的是根据给定的航班数组得到从每个城市出发的航班对应的数组，如代码 11-3 所示。

然后开始深度优先遍历，类似树的深度优先遍历算法，此处子节点指的是从下一个城市出发的所有航班，如代码 11-4 所示。

代码11-3：从给定的航班数组得到从每个城市出发的航班对应的数组

```
d = [[] for _ in range(n)]
for flight in flights:
    d[flight[0]].append((flight[1], flight[2]))
r = float("inf")
```

代码11-4：深度优先遍历所有从出发城市出发的路径

```
choices = [(dest, price, k) for dest, price in d[src]]
while choices:
    dest, price, stop = choices.pop()
    # 如果找到了到达目的城市的路径，更新返回值
    if dest == dst: r = min(r, price)

    if stop > 0 and price < r:
        # 将子节点的目的地和价格加入列表中，去掉比当前返回值大的
        for ndest, nprice in d[dest]:
            if price + nprice < r:
                choices.append((ndest, price+nprice, stop-1))
```

最后根据当前的返回值是否是正无穷大来返回 -1 或者当前值，如代码 11-5 所示。

代码11-5：返回结果

```
if r == float("inf"):
    return -1
else:
    return r
```

优化解法

使用 Dijkstra 算法的要点是按照距离从近到远排序，而不是按照深度优先排序。因此，我们使用 Python 内置的 heapq 来帮助排序。

首先构造每个城市出发航班的数组，以及按照距离顺序排序的从出发城市出发的航班，如代码 11-6 所示。

代码11-6：构造每个城市出发航班的数组，以及按照距离顺序排序的从出发城市出发的航班

```
d = [[] for _ in range(n)]
for flight in flights:
    d[flight[0]].append((flight[1], flight[2]))
choices = []
for dest, price in d[src]:
    heappush(choices, (price, k, dest))
```

然后每次取出距离最短的路径，检查目的地是否是目的城市，是则返回，不是则将下面的目的地和价格继续按照距离顺序加入循环数组中，如代码 11-7 所示。

代码11-7：取出距离最短的路径，检查目的地是否是目的城市

```
while choices:
    price, stop, dest = heappop(choices)
    if dest == dst: return price

    if stop > 0:
        for ndest, nprice in d[dest]:
            heappush(choices, (price+nprice, stop-1, ndest))
return -1
```

小结

本节使用深度优先遍历算法和Dijkstra算法解决了最便宜航班问题，两种算法的时间复杂度都是 $O(n \times k)$。Dijkstra算法的速度更快，因为该算法在去掉重复项方面更加快速，而深度优先遍历算法需要完整地遍历中转 k 次的路径后才能返回结果。

问题描述

给定一个二维表格 board 和一个单词 word，判断该单词是否存在于表格中。

单词必须按照字符顺序，由表格中相邻单元格内的字符构成，其中“相邻单元格”是指水平相邻或垂直相邻的单元格。同一个单元格内的字符不允许被重复使用。

A	B	C	E
S	F	C	S
A	D	E	E

图 11-8　二维表格 board

二维表格board如图11-8所示。

· 给定 word = "ABCCED"，返回 True。

· 给定 word = "SEE"，返回 True。

· 给定 word = "ABCB"，返回 False。

board 和 word 中只包含大写和小写英文字母。

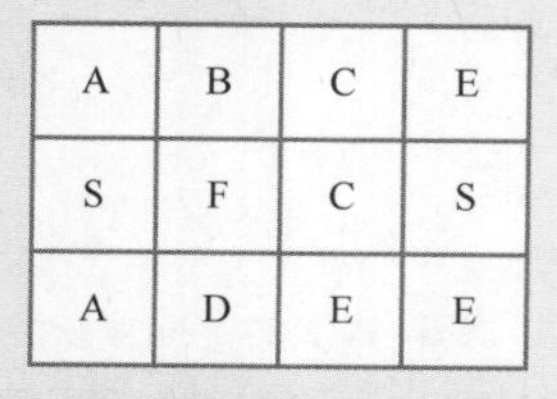

题目解析

这是一道基于二维矩阵的图搜索算法题目，考查的要点是如何高效地在图中搜索某个符合条件的路径。严格来说题目中的图是无向图，节点是每一个单元格，边则是当前单元格的相邻单元格。因为根据单元格在二维矩阵中的坐标就可以知道其相邻单元格，所以不需要把顶点和边抽取出来。

我们来看示例，示例中有 12 个单元格，只有等于单词第一个字符的单元格才可以作为搜索的起点。然后从起点出发搜索相邻单元格，需要查找等于单词下一个字符的相邻单元格。

最后需要解决题目中的难点，即如何不让单元格被重复使用，比如按照顺序访问 A-B-F-S-A 的时候不能重复使用左上角的 A，而应该使用左下角的 A。这里使用一种叫作“回溯法”的方法并结合深度优先遍历来解决这个难点。

“回溯法”的原理是在结束访问某个子节点后，把该子节点的状态从当前的全局状态中清除，这个过程和堆栈的“后入先出”的特点有些类似。

注意：这里的“深度优先”会让人想到树的“深度优先”和“广度优先”。和树的搜索不同，这里并没有“层级”的概念，比如从左上角的 A 出发，相邻单元格是“B”和“S”，但是访问了“B”或“S”以后，仍然有在不同深度上达到另一个单元格的可能，所以图的搜索算法只有深度优先，没有广度优先。

初始解法

首先初始化需要用的变量，包括表格行数、列数和保存已访问单元格的集合，如代码 11-8 所示。

然后是深度优先遍历和回溯法结合的过程，请仔细看如何像堆栈一样将从已访问单元格集合中删除当前单元格，如代码 11-9 所示。

代码11-8：初始化表格行数、列数和保存已访问单元格的集合

```
def exist(board: List[List[str]], word: str) -> bool:
    if not board:
        return False

    rows = len(board)
    columns = len(board[0])
    # 保存已访问的单元格
    searched = set()
```

代码11-9：结合深度优先遍历和回溯法进行查找（内嵌函数）

```
def dfs(m, n, l) -> bool:
    # 如果已经达到给定单词的结尾，返回True
    if l == len(word):
        return True

    # 将当前单元格加入已访问集合
    searched.add((m, n))
    for i, j in [(m+1, n), (m-1, n), (m, n+1), (m, n-1)]:
        # 单元格不超出表格范围
        if 0 <= i < rows and 0 <= j < columns and (
            # 单元格没有被搜索
            not (i, j) in searched) and (
            # 单元格等于下一个字符，进行下一步深度优先遍历
                board[i][j] == word[l] and dfs(i, j, l+1)):
            return True
    # 结束当前单元格的访问，从已访问集合中删除
    searched.remove((m, n))
    return False
```

最后是总体的循环过程，如代码 11-10 所示。

代码11-10：循环每个单元格，如果其字符等于给定字符串第一个字符，则开始深度优先遍历

```
for i in range(rows):
    for j in range(columns):
        if board[i][j] == word[0] and dfs(i, j, 1):
            return True
return False
```

小结

本节介绍了如何使用回溯法结合深度优先遍历在图中进行快速搜索，考虑清楚回溯的结果和时机是这类问题的关键。

问题描述

给定一个整数矩阵，找出最长递增路径的长度。

对于每个单元格，可以往上、下、左、右四个方向移动，但不能在对角线方向上移动或移动到边界外（即不允许环绕）。

示例

9	9	4
6	6	8
2	1	1

（a）整数矩阵1

3	4	5
3	2	6
2	2	1

（b）整数矩阵2

图 11-9　整数矩阵求最长递增路径

给定的整数矩阵如图11-9所示。

·矩阵1的输出为4，最长递增路径为[1, 2, 6, 9]。

·矩阵2的输出为4，最长递增路径为[2，4，5，6]和[3, 4, 5, 6]。

题目解析

这道题目和上一道单词搜索题目一样都是图的搜索算法题目，虽然标记为“困难”但是我们仍然可以采用同样的深度优先遍历。

单词搜索算法中搜索的起始点很明晰，就是等于单词第一个字符的单元格。但是这里需要不断地和周边单元格做比较，才能知道哪一个单元格是最小的单元格，也是最长递增路径的起点。

同样地，搜索的下一个目标也是不固定的，不是越大或越小最好，每个单元格需要**同时比较**不同方向上的路径长度才能知道哪一个单元格是**最长**递增路径。

看到这样的**同时比较**很容易想到曾经练习过的动态规划法。我们使用一个和给定整数矩阵同样大小的矩阵，用来记录以每个单元格为终点的最长递增路径的长度，这样整个矩阵的最长递增路径的长度就是动态规划矩阵的最大值。

向面试官陈述思路

- 使用动态规划法，构造和给定矩阵同样大小的矩阵。
- 用来记录以每个单元格为终点的最长递增路径的长度。
- 每个单元格对应的值是比当前单元格小的相邻单元格的最大值加 1。
- 如果单元格比相邻单元格都小，则值为 1。
- 最后返回动态规划矩阵的最大值。

白板编写

首先构造动态规划矩阵，如代码 11-11 所示。

代码11-11：构造动态规划矩阵

```
if not matrix: return 0

rows = len(matrix)
columns = len(matrix[0])
cache = {}
```

然后是结合动态规划矩阵进行深度优先遍历的过程，如代码 11-12 所示。

代码11-12：结合动态规划矩阵进行深度优先遍历（内嵌函数）

```
def dps(m: int, n: int) -> int:
    # 如果该单元格已经遍历过，直接返回对应的值
    if (m, n) in cache: return cache[(m, n)]

    # 上、下、左、右四个方向的相邻单元格
    adjs = [(m + 1, n), (m - 1, n), (m, n + 1), (m, n - 1)]
    choices = [(i, j) for i, j in adjs
               # 相邻单元格需要在矩阵范围内，且比当前单元格小
               if 0 <= i < rows and 0 <= j < columns and\
               matrix[i][j] < matrix[m][n]]
    if not choices: return 1
    # 使用dps方法访问比当前单元格小的相邻单元格
    # 因为使用了哈希表，所以不会造成函数调用栈溢出
    r = max([dps(i, j) for (i, j) in choices]) + 1
    # 存储当前单元格的返回值到哈希表
    cache[(m, n)] = r
    return r
```

最后遍历每一个单元格，并返回动态规划矩阵的最大值，如代码 11-13 所示。

代码11-13：遍历每一个单元格，并返回动态规划矩阵的最大值

```
for i in range(rows):
    for j in range(columns):
        dps(i, j)

return max(cache.values())
```

小结

本节使用动态规划法结合深度优先遍历解决了最长递增路径问题。这道题目的关键是在需要同时比较的时候能想到使用熟悉的动态规划法，从而解决看上去很难的图搜索算法问题。

本章总结

本章练习了图的着色问题、最短路径问题和图的搜索算法问题，在图的搜索算法中我们使用了回溯法、动态规划法和深度优先遍历算法的结合。相信通过本章的练习，读者对于图的算法问题不再感到陌生，在面试中遇到图算法相关问题时也会更有信心。

扫码看视频

第12章 生活趣题

本章收录了一些我认为很有趣味的题目，选入的标准是题目贴近实际，而且解决方法也不难，只需要使用前面练习过的解题方法。

问题贴近实际的好处是容易让面试者理解，比如题目的限制条件、需要达成的目标等。例如，模拟买卖股票的问题，虽然现实中买卖股票的情况更复杂，但是赚取更多收益的目标仍然是相同的。同样现实中的游泳池不太会同时注水和放水，但是通过注水和放水的游泳池能帮助读者理解一些数学问题。

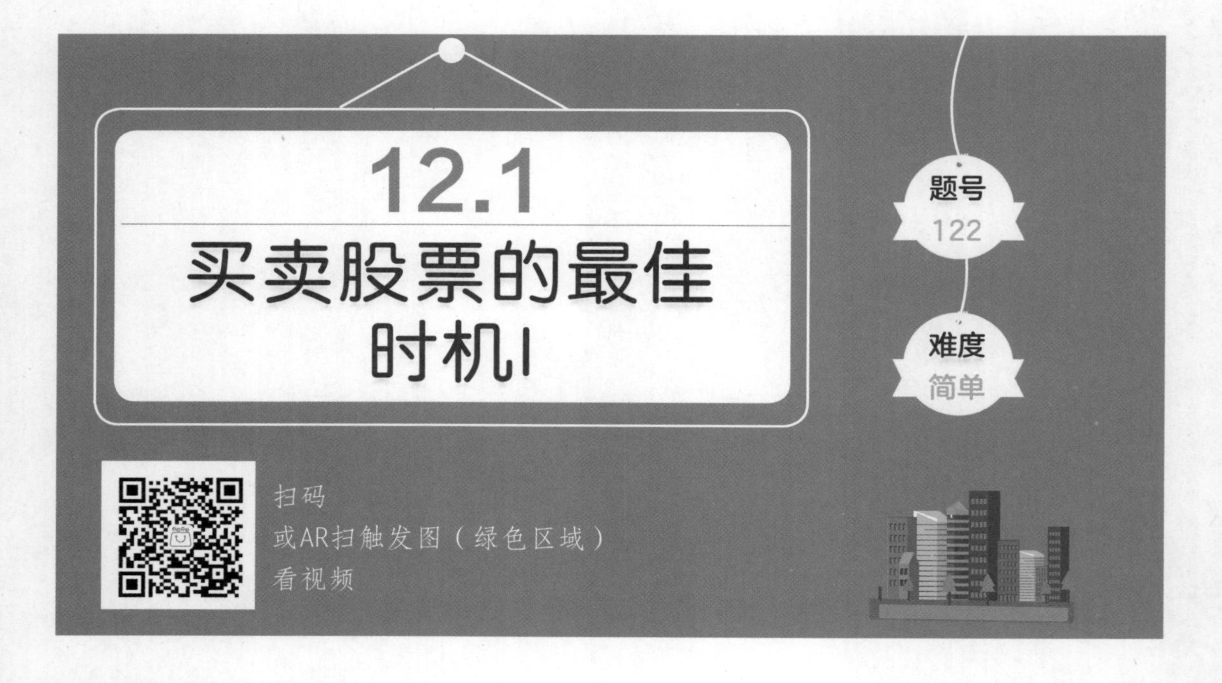

问题描述

给定一个数组，它的第 i 个元素是一只给定股票第 i 天的价格。

设计一个算法来计算所能获取的最大收益，你可以尽可能地完成更多的交易（多次买卖一只股票），但是不能同时参与多笔交易（必须在再次购买前出售之前的股票）。

示例

输入：[7, 1, 5, 3, 6, 4]

输出：7

解释：股票价格如图12-1所示，在第2天（股票价格为1）的时候买入，在第3天（股票价格为5）的时候卖出，这笔交易所能获得的收益为5-1 = 4。随后，在第4天（股票价格为3）的时候买入，在第5天（股票价格为6）的时候卖出，这笔交易所能获得的收益为6-3 = 3，总收益为7。

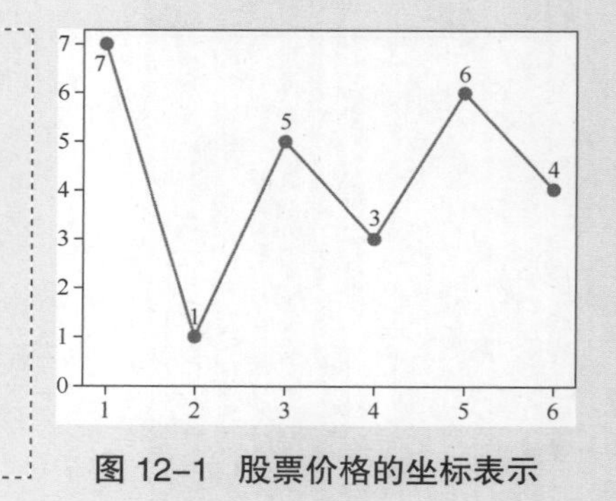

图 12-1　股票价格的坐标表示

题目解析

这道题目没有复杂的条件，只需要把股票价格分割成几段连续的增长区间，从而找到买入和卖出的点，如图 12-2 所示，区间的最高点减去最低点的值就是该区间的收益。可以使用第 06 章中介绍的方法，使用堆栈来保存增长的区间，并在不再增长的时候清空堆栈并记录收益。

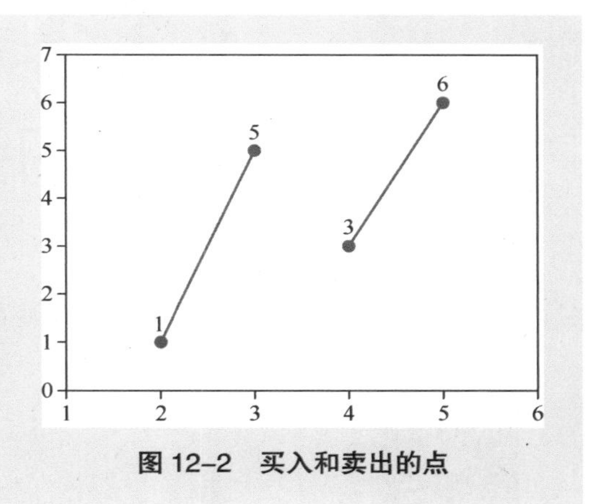

图 12-2　买入和卖出的点

推荐解法

使用堆栈来记录连续增长区间，并不断地累加收益，最后得到的就是所能获取的最大收益，如代码 12-1 所示。

代码12-1：计算最大收益

```
profit = 0
stack = [prices[0]]
for price in prices[1:]:
    # 如果price小于栈顶元素，说明打破了连续增长，把当前收益填入
    if price < stack[-1]:
        if len(stack) > 1:
            profit += stack[-1] - stack[0]
        stack = []

    # 否则进行入栈操作
    if len(stack) > 1:
        stack[-1] = price
    else:
        stack.append(price)
# 循环结束后如果栈内还有值，则补上最后的收益
if len(stack) > 1:
    profit += stack[-1] - stack[0]
return profit
```

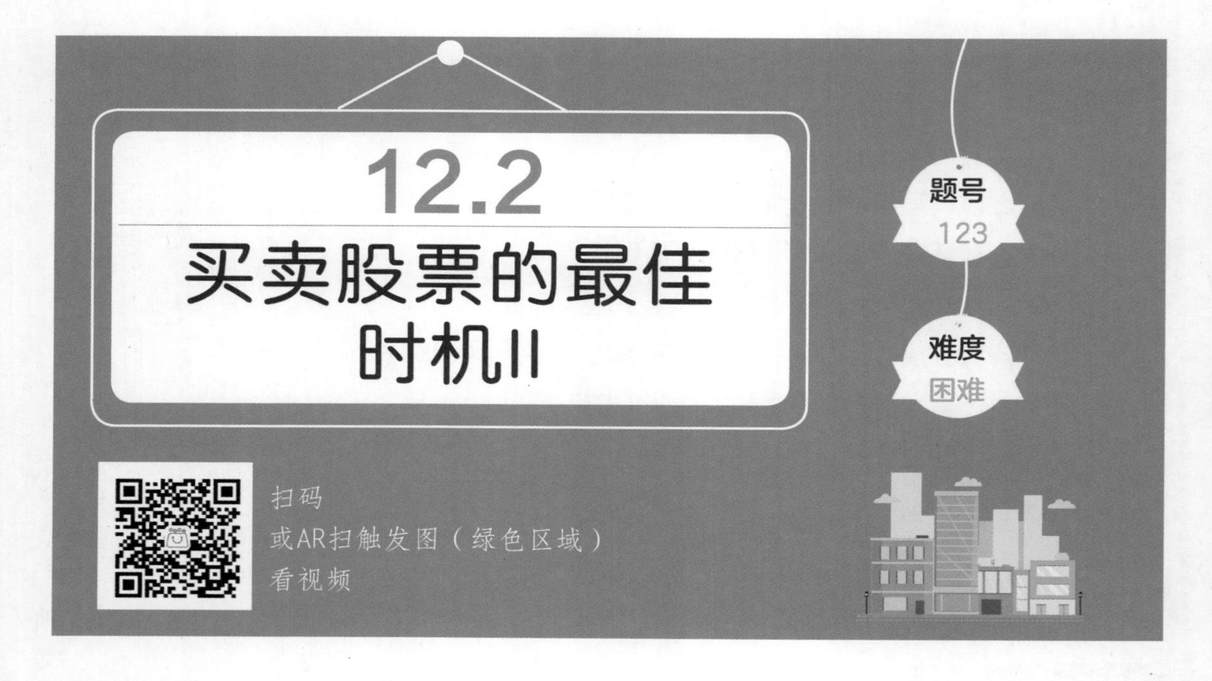

问题描述

给定一个数组，它的第 i 个元素是一只给定的股票在第 i 天的价格。

设计一个算法来计算所能获取的最大收益。注意：你最多可以完成两笔交易，且不能同时参与多笔交易（必须在再次购买前出售之前的股票）。

示例

输入：[3, 3, 5, 0, 0, 3, 1, 4]

输出：6

解释：股票价格如图12-3所示，在第4天（股票价格为0）的时候买入，在第6天（股票价格为3）的时候卖出，这笔交易能获得的收益为3-0 = 3。随后，在第7天（股票价格为1）的时候买入，在第8天（股票价格为4）的时候卖出，这笔交易能获得的收益为4-1 = 3。在最多两笔交易的限制下，最大收益为6。

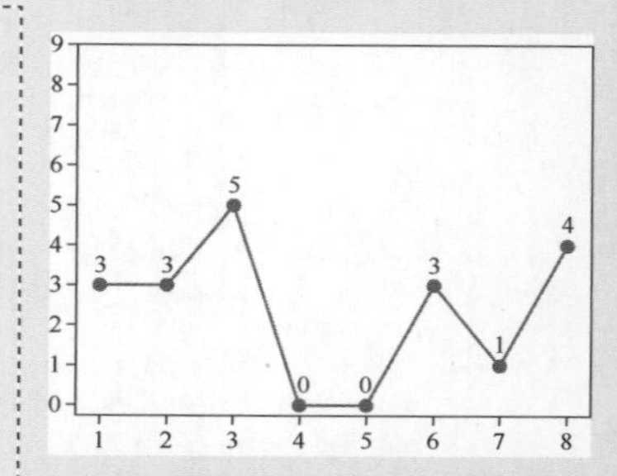

图 12-3　股票价格的坐标表示

题目解析

本题和 10.1 节的问题类似，但是加了最多两笔交易的限制，所以题目的难度就变成了困难。

因为有最多两笔交易的限制，所以需要将数组划分为两个子数组，分别求得每个子数组的最大收益，两个数字的总和就是总的最大收益。而在哪一点划分能使得到的总的收益最大，则需要依赖动态规划法。

推荐解法

首先需要创建动态规划数组，然后从左向右计算在该点和该点前卖出可以获得的最大收益，也就是第一次卖出的最大收益，如代码 12-2 所示。

接下来从右向左进行第二次遍历，计算在某一点之后卖出的最大收益，也就是第二次卖出的最大收益。最后取动态规划数组的最大值，即总的最大收益，如代码 12-3 所示。

代码12-2：从左向右遍历，计算第一次卖出的最大收益

```
profits = [0] * len(prices)
min_price = prices[0]
max_profit = 0
for i in range(1, len(prices)):
    price = prices[i]
    # 如果当前价格比最低价格低，更新最低价格
    if price < min_price:
        min_price = price
        profits[i] = max_profit
    else:
        max_profit = max(max_profit, price - min_price)
        profits[i] = max_profit
```

代码12-3：从右向左遍历，计算第二次卖出的最大收益

```
max_profit = 0
max_price = prices[-1]
for i in range(len(prices), 2, -1):
    price = prices[i - 1]
    # 如果当前价格比最高价格高，更新最高价格
    if price > max_price:
        max_price = price
        profits[i - 2] += max_profit
    else:
        max_profit = max(max_profit, max_price - price)
        profits[i - 2] += max_profit

return max(profits)
```

问题描述

假设你获得了城市风光照片（图 12-4（a））上显示的所有建筑物的位置和高度，请编写一个程序来输出由这些建筑物形成的天际线（图 12-4（b））。

每个建筑物的几何信息用三元组 $[L_i, R_i, H_i]$ 表示，其中 L_i 和 R_i 分别是第 i 座建筑物左右边缘的 x 坐标，H_i 是其高度。可以保证 $0 \leqslant L_i, R_i \leqslant INT\_MAX$, $0<H_i \leqslant INT\_MAX$ 和 $R_i - L_i > 0$。可以假设所有建筑物都是在绝对平坦且高度为 0 的表面上的完美矩形。

例如图 12-4（a）中所有建筑物的尺寸记录为 [[2 9 10], [3 7 15], [5 12 12], [15 20 10], [19 24 8]] 。

输出是 $[[x_1, y_1],[x_2, y_2],[x_3, y_3],\cdots]$ 格式的“关键点”（图 12-4（b）中的棕色点）的列表，它们唯一地定义了天际线。关键点是水平线段的左端点。请注意，最右侧建筑物的最后一个关键点仅用于标记天际线的终点，并始终为零高度。此外，任何两个相邻建筑物之间的地面都应被视为天际线轮廓的一部分。

例如图 12-4（b）中的天际线应该表示为 [[2 10], [3 15], [7 12], [12 0], [15 10], [20 8], [24 0]]。

说明

·任何输入列表中的建筑物数量在 [0, 10000] 内；

·输入列表已经按左边缘 x 坐标 L_i 进行升序排列；

·输出列表必须按 x 坐标排序；

·输出天际线中不得有连续的相同高度的水平线。例如[…, [2 3], [4 5], [7 5], [11 5], [12 7], …] 是不正确的答案；3条高度为5的线应该在最终输出中合并为一个：[…, [2 3], [4 5], [12 7], …]

题目解析

这又是一道天际线题目，不同的是三维变成了二维，难点变成了如何合并相邻的建筑。虽然难度被标记为“困难”，但是我们可以用直接的方法求解。

每个建筑都包含起点和终点，我们需要在遍历的同时使用一个数组保存在当前点尚未结束的建筑。这样每次新读入一个建筑的时候需要做以下几件事情：

- 绘制终点在当前建筑左侧的建筑的天际线；
- 将终点在当前建筑左侧的建筑从数组中移除；
- 把当前建筑左侧的点和高度加入数组；
- 循环结束时最后一次绘制天际线。

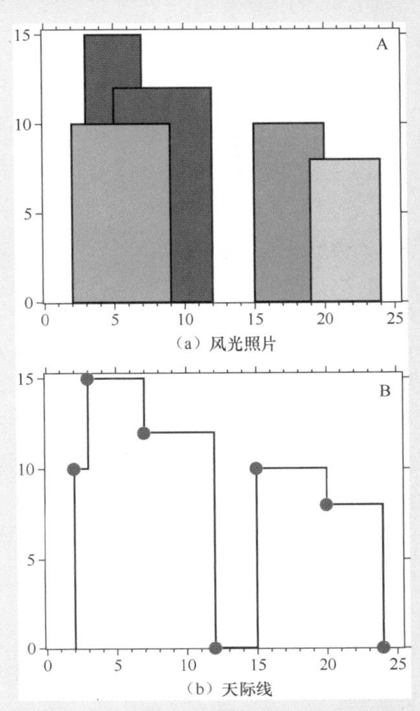

图 12-4　城市风光转换成天际线

推荐解法

在这里我们需要使用 Python 内置的二分查找库 bisect，从而可以更快地查找和插入新的数值到数组。

首先是初始化变量，需要使用 3 个变量，分别是结果数组、尚未结束的建筑和当前最大高度，如代码 12-4 所示。

代码12-4：初始化变量

```
result = []
stack = []
height_of_stack = 0
```

然后是绘制天际线的函数，这里采取从右向左计算的方式，为了支持建筑物被“淹没”的情况，需要将右侧的最大高度作为变量传入，如果建筑物的高度比该高度小说明该建筑物已经被覆盖，不需要绘制，如代码 12-5 所示。

代码12-5：绘制天际线

```
# 从start下标开始从右向左绘制天际线
def drawSkyline(start: int, max_height: int):
    tail = []
    for i in range(start, -1, -1):
        item = stack.pop(i)
        if item[1] > max_height:
            if len(tail) > 0 and tail[-1][0] == item[0]:
                tail[-1][1] = max_height
            else:
                tail.append([item[0], max_height])
            max_height = item[1]
    result.extend(reversed(tail))
```

最后是主循环，即不断地读入新建筑物并输出最后结果的过程，注意同样需要考虑建筑物被覆盖的情况，如代码 12-6 所示。

代码12-6：读入新建筑物并输出最后结果

```
for building in buildings:
    # 查找当前点在未结束建筑物数组的位置
    index = bisect(stack, (building[0], 0))
    # 如果不为0，说明当前点左侧有需要绘制天际线的建筑物
    if index != 0:
        # 根据尚未结束的建筑物计算最大高度
        height_of_stack = max([s[1] for s in stack[index:]],
                              default=0)
        drawSkyline(index - 1, height_of_stack)

    height = building[2]
    # 如果当前建筑物没有被覆盖，需要加入结果变量
    if height > height_of_stack:
        if len(result) > 0 and result[-1][0] == building[0]:
            result[-1][1] = height
        else:
            result.append([building[0], height])
        height_of_stack = height

    # 将当前建筑物加入尚未结束建筑物的数组
    insort(stack, (building[1], height))
# 最后一次绘制天际线
drawSkyline(len(stack) - 1, 0)
return result
```

问题描述

在二维数组 *grid* 中，*grid*[*i*][*j*] 代表位于某处的建筑物的高度，高度为 0 也被认为是建筑物。

请问在从新数组的 4 个方向（即顶部、底部、左侧和右侧）观看的天际线必须与原始数组的天际线相同的情况下，建筑物高度可以增加的总和最大是多少？城市的天际线是指从远处观看时，由所有建筑物形成的矩形外部轮廓。

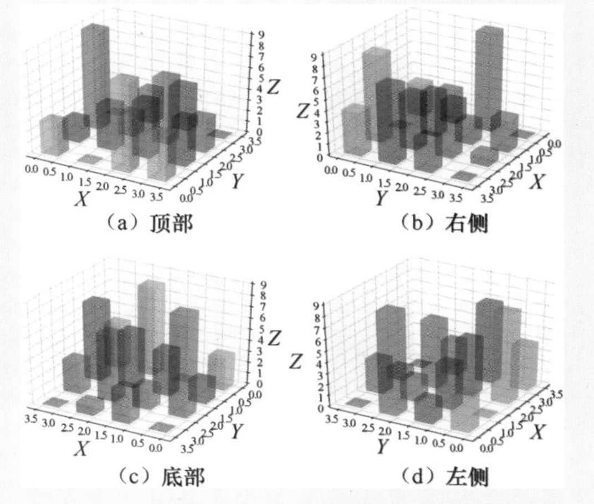

图 12–5　天际线的顶部、右侧、底部和左侧

示例

输入：grid = [[3,0,8,4],[2,4,5,7],[9,2,6,3],[0,3,1,0]]
输出：35
解释：天际线的三维图形如图12-5所示。从数组竖直方向（即顶部和底部）看天际线是[9, 4, 8, 7]，从水平方向（即左侧和右侧）看天际线是[8, 7, 9, 3]。在不影响天际线的情况下对建筑物进行增高后，新数组为gridNew = [[8,4,8,7],[7,4,7,7],[9,4,8,7],[3,3,3,3]]

题目解析

通过观察示例的三维图形可以看出，每个建筑物可以达到的最大高度就是该建筑物所在行和列的最大值中的比较小的那一个，只要累加当前高度与最大高度的差就可以得到最后的结果。

推荐解法

首先收集每行和每列的最大值，然后对每个建筑物计算当前值与所在行和列的最大值中较小值的差值，如代码 12-7 所示。

代码12-7：计算保持天际线可以增加的最大高度

```
n = len(grid)
m = len(grid[0])
maxY = [max(grid[i]) for i in range(n)]
maxX = [max([grid[i][j] for i in range(n)]) for j in range(m)]
total = 0

for i in range(n):
    for j in range(m):
        total +=  min(maxX[j], maxY[i]) - grid[i][j]
return total
```

问题描述

给定 n 个非负整数 a_1, a_2, …, a_n，每个数代表坐标中的一个点 (i, a_i)。在坐标内画 n 条垂直线，垂直线 i 的两个端点分别为 (i, a_i) 和 $(i, 0)$。找出其中的两条线，使得它们与 x 轴共同构成的容器可以容纳最多的水。

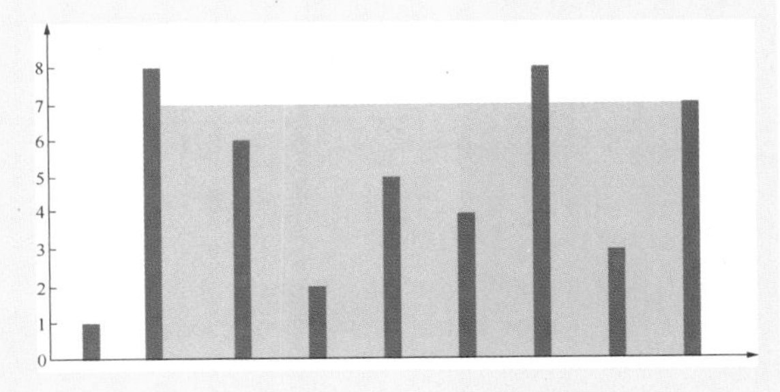

图 12-6　盛更多水的容器

说明：不能倾斜容器，且 n 至少为 2。

示例

输入: [1, 8, 6, 2, 5, 4, 8, 3, 7]
输出: 49
解释: 图 12-6 中垂直线代表输入数组 [1, 8, 6, 2, 5, 4, 8, 3, 7]。在此情况下，容器能够容纳水（表示为黄色部分）的最大值为49。

题目解析

这道题目可以使用前面介绍过的指针技巧。因为盛水量取决于两个点的距离和两个点高度的最小值。所以指针从距离最远的两个点开始，此时距离最大，然后不断地向中间移动，直到距离为 1。

因为容器容积取决于两点中高度较低的值，所以如果移动高度较高的一侧，那么移动后的容积必然小于当前容积；而移动高度较低的一侧，则下一个值有可能比当前值大。如果两侧相等则移动任意一侧的指针。

推荐解法

使用指针技巧，不断地移动左右两侧指针，直到指针间的距离为 1，如代码 12-8 所示。

代码12-8：计算盛最多水的容器

```
left, right = 0, len(height)-1
max_area = 0
while left < right:
    if height[left] <= height[right]:
        max_area = max(max_area, height[left] * (right-left))
        left += 1
    else:
        max_area = max(max_area, height[right] * (right-left))
        right -= 1
return max_area
```

问题描述

给定 n 个非负整数表示的每个宽度为 1 的柱子的高度图，计算按此排列的柱子在下雨后能接多少雨水。

示例

图12-7是由数组[0,1,0,2,1,0,1,3,2,1,2,1]表示的高度图，在这种情况下，可以接6个单位的雨水（绿色部分表示雨水）。

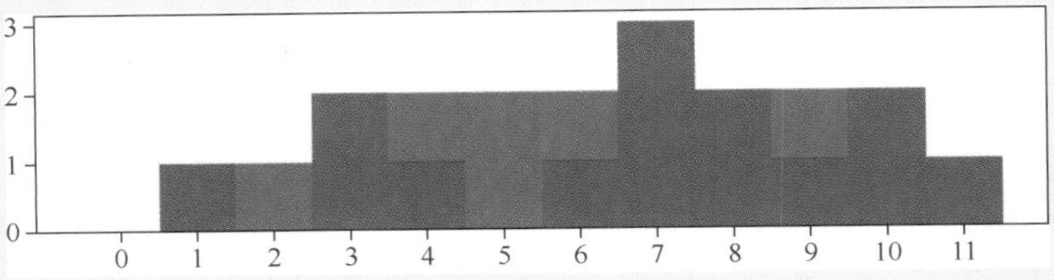

图 12-7　接雨水

题目解析

这道题目引入辅助的颜色后，可以看到最大高度乘以宽度正好等于绿色、棕色和黄色 3 种颜色面积之和。其中绿色部分的面积是雨水的容积，棕色部分的面积是柱子的高度之和，而黄色的部分则从左右两侧呈阶梯形状递减，并在最高点处正好为零，如图 12-8 所示。

求黄色部分面积的方法就是从左向右，不断地累加当前的最大值，再从右向左累加当前的最大值，最后使用两倍的最大高度乘以宽度减去累加的和，分别如图 12-9 和图 12-10 所示。

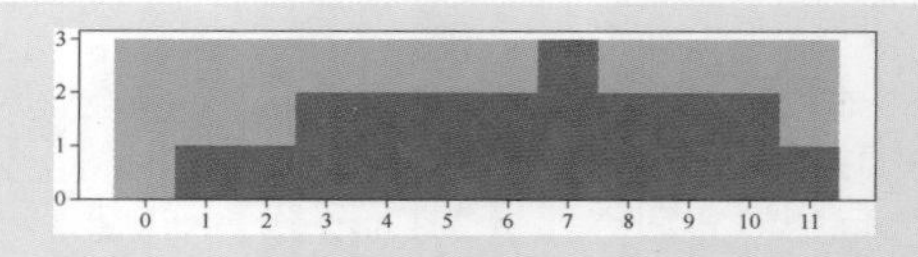

图 12-8　填充空白部分，得到雨水面积

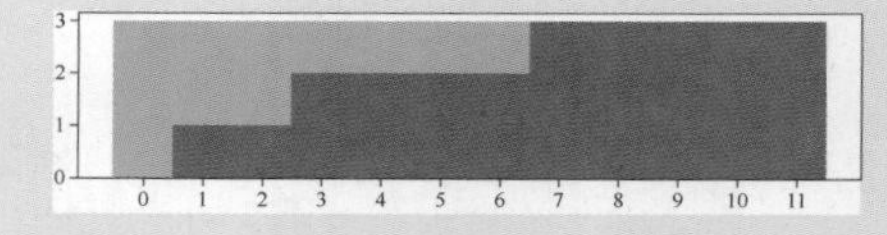

图 12-9　从左向右计算黄色面积的一部分

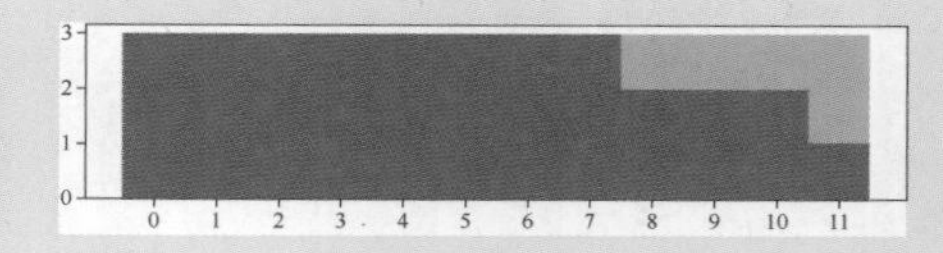

图 12-10　从右向左计算黄色面积的另一部分

推荐解法

使用上面推导的公式，可以在一次循环中得到所有需要的值，如代码 12-9 所示。

代码12-9：接雨水

```
# LTR: 从左向右
# RTL: 从右向左
shadowLTR, shadowRTL, total, maxLTR, maxRTL = 0, 0, 0, 0, 0
for i, h in enumerate(height):
    maxLTR = max(maxLTR, h)
    # 计算图12-9中黑色部分面积
    shadowLTR += maxLTR
    # 计算图12-8中黑色部分面积
    total += h

    reversedI = len(height) - 1 - i
    maxRTL = max(maxRTL, height[reversedI])
    # 计算图12-10中黑色部分面积
    shadowRTL += maxRTL

return shadowLTR + shadowRTL - maxLTR*len(height) - total
```

本 章 总 结

本章介绍了几道贴近生活的趣味题目，并在解决这些题目中重温了几种熟悉的解题方法。希望读者在平时的生活当中也能发现算法的应用。

扫码看视频

第13章 系统架构设计

系统架构设计的题目在面试中的比重越来越大。这是一件值得鼓励的事情，意味着面试越来越注重通过交流沟通的方式考核面试者的能力。

但是程序员对系统架构设计题目也常常感到困惑，不知道该如何准备。主要有两点原因。

1. 在平时的工作中，只有部分人参与系统架构设计。大多数情况下是由架构师完成系统架构设计，其他人只需要理解和实现，很少出现需要全体参与讨论的情况。

2. 工作中大多数的系统是已经被实践检验过的“成熟”系统，平时的工作主要是做一些改进，虽然也需要设计，但是并不需要从无到有的设计。

其实，系统架构设计的题目大多数是开放性问题。遇到这类问题不需要太过紧张，因为实际上没有正确答案，大多数系统的架构也会随着时间的推移发生变化，初始架构并不一定就是“正确”的。

13.1 系统架构设计的原则

掌握一些系统架构设计的原则能够帮助我们更好地理解现有系统或设计新的系统，以下是几条常见的系统架构设计原则。这些原则不只适用于面试，在平时的工作中也同样适用。

高内聚，低耦合

“高内聚，低耦合”这一原则平时听的很多。它指的是将程序正确地划分为互相独立且各自功能完整的模块。即使是经验丰富的程序员，也不能保证代码的组织结构十分完美，使得每一个模块都保持独立且功能完整，修改某一模块的时候不会影响其他模块。

比如我们要设计一个电商系统，有订单和用户两种数据，大部分人都知道订单和用户应该有独立的模块，然而在真实的系统中很多功能到底应存放在哪个模块往往需要经过充分的讨论才能得出结论。

关于不同系统的数据是存储在单一数据库还是分开的数据库这一问题，观点就没那么统一了。在早期数据规模不大的时候，所有的数据存放在单一数据库并不会带来什么问题。然而随着业务量的上升以及微服务的流行，越来越多的人更喜欢每个业务有独立的数据库，初始的数据库设计反而成了一种耦合。

仅从功能上划分，我们很难确定一个模块包含哪些功能才是“高内聚，低耦合”，这个时候可以采用数据流分析来进一步划分系统。

数据流分析

仔细思考一下，一个电商系统会有多少种角色？除了常见的挑选商品一下单一等待送货上门的普通用户外，还需要配送商品的配送团队，根据用户的购买记录为用户推荐可能感兴趣的商品的推荐团队，以及客户服务、退货处理、财务等团队。

而不同的角色需要的数据又是截然不同的。接下来需要进一步讨论不同角色需要的数据，这个过程最好做一下简化，因为有些数据的流程是类似的，一个一个讨论非常浪费时间，我们需

善用第三方系统

随着软件业的发展，很多功能已经不需要开发人员自己开发或外包开发，直接使用 SaaS（软件即服务）系统就可以了。

例如 Salesforce 就是一家很有名的第三方客户关系管理软件服务提供商，其市值已超过一千亿美元。同时 Salesforce 在全球拥有 10 多万的用户，可以支持各种用户类型。这意味着在客户关系管理方面，基本没有 Salesforce 还未实现的功能。系统集成 Salesforce 后不需要进行太多的工作就能满足日常工作的需要。

对于前文讨论的电商系统，现在已经有 Shopify 这种专门的 SaaS 系统。如果不想使用一站式解决方案的话，订单管理、支付或配送等功能也已经有了专业的 SaaS 系统。就像在写代码时，很多功能是利用第三方库来实现的，而不是完全由自己开发一样，系统架构设计也不需要完全地从零开始实现。

但是就像使用第三方库需要注意授权问题一样，使用第三方系统也需要注意一些问题。首先是可能带来的性能下降，系统访问本地数据和代码的速度往往快于访问第三方系统，如果是关键的组件，用户可能接受不了网络延迟带来的性能下降。其次是不方便测试，不过大部分第三方系统都提供了本地模拟接口的安装包或专门的测试接口来解决这个问题。最后一个关键的问题是业务上的冲突，比如淘宝和京东在电商领域形成了竞争关系，京东就不会选择使用阿里系公司阿里云和支付宝提供的服务。即使阿里云和支付宝真的有很强的数据安全性，京东也不会把自己的关键数据交给和淘宝有关系的公司。

要把精力集中在重要的数据上。

例如对于普通用户来说，需要能够看到商品的介绍、价格以及库存数量，并可以正常地下单。如果只是满足普通用户的需求，可以把这些数据存放在一起；但是如果考虑到其他用户的需求，可能就需要将数据分开存储在不同的数据库中。

做好数据流分析也不一定能形成清晰的设计。例如系统并没有规定一个模块只能返回一种数据，有些时候为了方便可以把不同的数据放在同一个模块，然而一段时间后可能又不得不花更多的精力把这些数据分开。但是通过数据流分析，至少可以保证软件接口是清晰的。

康威定律

康威定律的定义如下：设计系统的组织，其产生的设计和架构等价于组织间的沟通结构。

随着微服务的发展，这条定律的重要性被重新提及，因为大家纷纷发现架构设计会受限于企业的组织形式，而不是超越它。

这条定律其实揭示了软件架构的深层秘密，软件归根结底还是人实现的，而人在组织中才会发挥最高的效率。

如同《人件》《人月神话》揭示的一样，组织中人多了以后沟通成本会上升，占据了本应属于开发的时间；另一方面，分工协作才有助于开发效率的提高，以小组为单位进行开发仍然是有必要的。

有些企业会采用扁平化管理和更小的分组，比如亚马逊的两个比萨原则[①]；或者会定期重组内部结构让员工有一些新鲜感。但是不管组织内部如何灵活，和软件架构的灵活度相比它仍然显得死板。在讨论系统架构设计前，最好和对方交流一下，公司的组织结构是什么样的，一开始就按照公司的组织结构来设计软件架构可以让分工更加明确。

① 亚马逊 CEO 杰夫·贝索斯 (Jeff Bezos) 对于如何提高开会效率有自己的解决办法，他称之为“两个比萨原则”，即与会人数不能多到两个比萨饼还不够他们吃的地步，并把这个原则推广到了团队管理上。

安全性

对于某些系统，比如和用户隐私或金融相关的系统来说，安全性是非常重要的特性。在面试中，安全性方面的设计不需要什么创新，只要能说出常见的解决方法即可。

例如用户的密码应该使用 bcrypt 加密而不是以明文存储在数据库中，其在系统日志中也不应该出现。为了防止内部系统在验证用户身份的时候访问错误的地址，从而造成可能的数据泄露，某些关键的模块也要强制使用更安全的传输层安全协议（Transport Layer Security，TLS）访问来保证内部数据传输的安全性。

对于一些机密的信息，如数据库的访问密码，则应该使用 RSA 加密，并妥善保存密钥。而用户的手机号和住址等机密信息则应该以加密的形式保存在数据库中，甚至可以为每个用户生成一份专门用于数据加密的密钥，而不是全体用户统一使用一个密钥，从而降低密钥丢失带来的隐私泄露影响。

如果相关行业有数据安全的强制要求，从业者也应该熟练掌握，比如医疗行业有 HIPAA 合规性，国内也有相应的标准。现在各个行业对于系统的安全性越来越看重，从业者也应该把相关的安全标准视为最低标准，这既是对用户负责也是对公司负责。

可扩展性

软件设计常常提到的一个原则是不要过早地优化，在设计系统并为每个组件预留资源时也是如此。尤其是在面试的时候，估计某个功能的访问量就像估计“可口可乐一天卖出多少罐[①]”一样可笑。

在设计阶段，软件只要设计成可以通过简单的横向扩展实现就好了。大多数系统的访问高峰都是可以预测的。在这个阶段，可以设计需要监测哪些数值，并根据相应的数值决定是否需要进行扩展。

和计算相比，存储的横向扩展就没那么简单。如果需要存储文件，建议在设计的时候尽量采用对象存储系统，如 AWS 提供的 S3 服务，或开源的 OpenStack Swift、Minio。这些对象存储系统使用 HTTP 协议访问，利用 HTTP 缓存就可以非常方便地提高读取的性能，同时在文件移动到新的主机上后只要更新 HTTP 转发规则就可以轻松地扩展存储空间。

数据库的扩展性相比之下就没那么灵活，一般有以下 3 种解决方法。

1．使用 Redis 或 Memcached 等内存数据库作为数据库缓存。同样作为内存数据库，Memcached 的特点是横向扩展更简单，而 Redis 的特点是支持更多种类的数据操作。比如直接更新数组类型中的单一元素，Redis 不需要像 Memcached 全部重新写入。除此之外，很多时候 Redis 也被用于排队系统，避免秒杀活动等对数据库瞬时大量的写入请求。

2．使用数据库复制功能。将单一的数据库复制多份，并指定一台数据库作为主数据库，其他数据库作为从数据库。当主数据库中的数据发生变化时，变化的数据会同步到从数据库，而查询数据时则直接在从数据库上操作。但是这样操作的缺点是只满足了读取的扩展性，并没有满足写入的扩展性。

3．引入 NoSQL 数据库。传统的关系型数据库因为要满足事务的完备性，所以很难横向扩展，而 NoSQL 数据库则通过牺牲一致性，实现了横向扩展的目标。例如著名的视频点播网站 NetFlix 的全球 1.82 亿用户的数据就存储在 NoSQL 数据库中。NoSQL 数据库对于跨区域的服务也非常友好，如果是关系型数据库，在写入数据时必须访问指定的主数据库，如果用户不在主数据库所在区域，则不同区域之间的网络延迟会影响用户执行相关操作时的使用体验。NoSQL 数据库则是多主数据库结构，写入数据时只需要访问所在区域的数据库即可。

---

① 不知道是不是因为这个问题太经典，可口可乐公司在其官网给出了官方答案：全球 200 多个国家一天总共卖出 19 亿罐可口可乐。

13.2 做好准备工作

在准备系统架构设计题目的时候，要深入结合自己做过的项目或业内领先公司的架构设计，力求清楚每个模块的功能以及这样设计的原因。

紧密结合简历

在准备系统架构设计题目的时候，需要紧密结合简历。例如简历上写了熟悉 Redis，但是在系统设计的时候没有体现，或者不能熟练地介绍简历上出现的项目的架构，这些都容易让面试官产生误解。

如果对简历提到的项目的架构不熟悉，可以查询一下内部知识库、邮件等，甚至可以直接询问当事人。清楚了架构设计不仅对面试有益，对平时的工作也有很大的帮助。

参考成功的系统

很多企业会在博客或行业大会上介绍一些系统架构设计的心得，材料往往非常丰富，幻灯片、视频、文字稿等一应俱全。这是学习系统架构设计的好机会，但是在学习的时候最好带着对现有系统的思考，而不只是记住一些自己没听过的新名词。

突出自己的优势

在梳理自己参与的系统架构设计的时候，可以更多总结一下自己擅长的方面，例如擅长设计系统的可靠性、安全性还是可扩展性，或者总结这些系统本身有哪些设计亮点。这样在面试中容易给面试官留下深刻印象，提高面试通过的概率。

13.3 面试实战

在实际的面试中，请牢记回答这类面试题目的重点是让面试官了解自己，而不是给出正确答案。把面试官当成平时工作中的伙伴，充分地和面试官进行交流。

多问问题

面试官在设计问题的时候，为了考查候选人思考是否全面，一开始不会告知一些细节。对于这些细节，面试者在做好假设的同时也应该询问面试官。例如，有多少人会参与开发这个系统，初期会有多少用户，公司会投入多少预算，等等。

聚焦重要功能

因为面试的时间有限，所以不可能对每个功能都有深入的讨论。可以首先和面试官探讨不同功能的重要性，然后针对重要功能的可靠性、安全性等做深入的讨论，如果时间允许再讨论不太重要的其他功能。

坦诚自己的不足

毕竟人无完人，仅靠一个人不可能将系统的每个方面都设计得非常完美，如果遇到进攻型的面试官，面试者可能更难坦承自己的不足。一方面建议面试者把面试官当成平时的同事而不是“敌人”；另一方面也建议面试官多发掘面试者的长处，而不是通过打击面试者的信心来获得自身的成就感。

本章总结

系统架构设计最迷人之处在于系统可能脱离最初的设计目的。例如图片分享服务Flickr最初只是一个游戏的照片分享系统；而企业即时通信服务Slack则脱胎于一次失败的游戏创业。虽然游戏创业失败了，但是团队意外地发现内部的沟通工具非常好用，这款工具也就是Slack的前身。这两个系统的最初架构设计必然和用户量扩大以后大不相同，但是凭借良好的扩展性设计，系统架构不需要进行太多的改变就能满足逐渐增加的功能需求和用户访问量。

接下来的几章，我们会尝试设计一些简单的系统，每个系统都有一些其自身的特点。希望借助这些练习，读者能够对常见系统架构设计的难点熟练掌握，在面试中遇到系统架构设计题目时也能更加胸有成竹。

第14章 设计一个命令行界面

在一些电影里，电脑极客快速地敲击键盘，破解系统的一道道安全设置，获得关键的信息，从而推动情节发展。这可能是大部分人对命令行界面（Command Line Interface，CLI）的第一印象。

但是对于程序员来说，命令行界面不仅高效，而且具有可组合性，即命令行界面可以接受其他程序的输出，而它的输出也可以作为其他程序的输入。这样的组合特性带来了类 UNIX 系统上命令行界面工具的繁荣，也塑造了一条重要的设计原则：专注做一件事，并做到最好。

命令行界面在开发人员的日常工作中发挥着非常重要的作用，例如 Bash 是 Linux 系统默认的交互界面。还有一些常用的命令行工具，例如用来检测目标机器是否上线的 ping 命令，Maven 和 npm 等包管理和构建工具，以及 free 和 top 等查看系统资源占用情况的工具。

对于企业来说，命令行界面还有一种常见的用法：企业的系统往往会提供对外的 HTTP 服务，而命令行界面可以简化客户集成该服务的过程。

面试的时候可能要求设计一个命令行界面，以考查面试者如何集成自己设计的或别人的服务，同时提供对用户友好的交互界面。

14.1 需求分析

一般面试官会提出一个比较大的目标，例如为提供代码托管服务的 GitHub 编写命令行客户端。

面试者首先要做的就是和面试官讨论具体需要实现的功能，因为一开始的目标太过模糊，需要像平时的工作中讨论用户需求一样确定具体的功能并记录下来。虽然大多数程序员几乎每天都会用到 GitHub，但是不同团队的使用方法会有所不同。因此，面试者需要不作任何假设，并沟通确定这个客户端需要实现的功能。

具体功能

经过沟通后，确定了为了加快平时的开发流程，面试官想实现以下几个功能。

· 登录。客户端需要记住用户的身份，且不需要每次使用的时候或在输入每个命令后都需要输入用户名和密码。

· 创建合并请求。面试官希望用户每次在本地创建新的分支，在新的分支上开发新的功能，然后通过该客户端创建合并新分支的请求，并打印出合并请求对应的 URL 方便分享给别人检视。

· 关闭合并请求。如果合并请求没有通过，或者需求变动导致功能需要重新实现，则需要通过该客户端关闭该合并请求，并删除为此创建的分支。

· 检视合并请求。用户除了提交合并请求外，也需要检视其他人提交的合并请求，为了更仔细地检视，需要通过该客户端切换到合并请求对应的分支。

因为面试时间有限，所以列出来的需求不会全部都能得到完整的讨论，这个时候面试者可以挑选自己擅长的或请面试官挑选接下来要讨论的功能。下面我们会讨论登录和创建合并请求这两个需求。

部署与升级

虽然部署与升级并不属于需求的一部分，但是对于每天都会使用的工具来说，部署与升级是一个非常重要的需求。

通常来说，命令行界面需要的编程语言和企业内部使用的编程语言是一致的，也不排除会尝试一些新技术。如果每位用户的机器上都安装了 Python，那么将新的版本上传至内部 Python 包管理仓库就可以实现部署与升级的需求；如果不是每个人都安装了 Python，那么就需要提供完整的安装包，或者考虑改为使用 Go 语言，它每次编译后只生成单一的可执行文件，方便部署与升级。

错误处理

在程序出现意外的时候，需要通过清晰的信息提示用户究竟出现了哪种意外。命令行界面的错误信息一般直接打印在输出中，并使用红色的字体渲染。

· 身份信息错误。如果本地保存的令牌已经失效，那么在进行身份认证的时候 API 会返回错误信息。程序需要根据 API 返回的信息提示用户令牌已经失效，并打印出重新获取身份令牌的方式。

· 参数错误。如果用户在调用命令的时候使用了错误的参数，或缺少一些参数，则需要提示需改正的参数。有些参数错误是调用 API 时才能知道，如使用了错误的分支名字，这个时候也需要能够正确地提示用户。

· 网络错误。网络错误是在进行远程交互时常遇到的错误，因为网络错误有很多种情况，所以比较有效的对策是支持打印出 HTTP 请求的详细信息，供用户进行进一步的分析。

14.2 功能详解：创建合并请求

创建合并请求需要使用 GitHub 提供的 API，但是在面试的时候不一定有时间详细阅读 GitHub 的 API，这个时候可以和面试官一起假设对应的 API 需要的参数。

命令行参数

GitHub 创建合并请求的 API 有四个常用参数，如表 14-1 所示。

表 14-1 创建合并请求的四个常用参数

名称	类型	是否必需	描述
title	字符串	是	合并请求的标题
head	字符串	是	合并请求的分支
base	字符串	是	合并请求的目标分支
body	字符串	否	合并请求的内容

这四个参数有的可以作为命令行参数传入，有的可以作为命令行选项传入。例如假设命令行工具的名称是 gh，其使用方式可以有以下两种形式，如代码 14-1 所示。

代码14-1：命令行工具的两种输入形式

```
gh pr create title head base body

gh pr create --title <title> --head <head> --base <base> --body <body>
```

第一种形式对于参数的输入顺序有严格的要求，对于未来增加或减少参数也不够灵活，因此对于参数比较多的情况更建议使用第二种形式，使用选项来区分不同的参数。

从外部环境拿到命令行参数

虽然 title、head 和 base 三个参数是必需的，但是它们都是可以从外部获得的。

对于 GitHub 的项目，通过代码库 API 可以获得该项目代码库的默认分支，base 的默认值可以设定为该默认分支。

title、head 两个参数可以从本地 Git 代码仓库获得，因为完成开发后，本地 Git 代码仓库的当前分支往往推送到远程的同名分支，所以本地的当前分支可以作为 head 的默认值，而 title 和 body 可以选取当前分支最后一个提交的标题和内容。

从外部环境拿到参数的默认值后，创建合并请求的命令不需要使用其他参数。为了允许用户在创建前修改相关的值，可以使用交互提示的方式允许用户进行修改，交互过程如代码 14-2 所示。

代码14-2：命令行界面会提示base和head默认值，并允许修改title和body两个参数的值

```
~/Projects/my-project$ gh pr create
Creating pull request for feature-branch into master in owner/repo
? Title My new pull request
? Body [(e) to launch nano, enter to skip]
http://github.com/owner/repo/pull/1
```

14.3 安全性

虽然命令行界面运行在用户的机器上，但是保护用户的信息安全同样重要，我们需要保证用户在使用过程中信息不会遭到泄露。

使用用户名和密码登录的问题

虽然用户名和密码是验证用户身份很好的方式，但是在客户端使用用户名和密码进行身份验证会有以下一些问题。

1．如果每次登录都需要用户输入用户名和密码，会严重降低用户体验，而且如果密码太长会导致用户容易输错。

2．如果选择在用户的本地文件存储用户名和密码，则会存在密码泄露的危险，即使进行加密也存在被破解的危险。

3．有些时候我们需要限制客户端的权限，一些关键的操作（如删除账号）不可以在客户端进行，用户必须在官方网页上进行操作。

OAuth2认证

OAuth2 认证是一种常用的身份验证方式，用户不需要每次登录都输入用户名和密码，GitHub 的 API 就是使用这种认证方式。

OAuth2 认证方式类似于门卡，一个用户可以拥有多张门卡，如果门卡丢了只需要注销该门卡即可，而如果是密码泄露则用户必须修改密码。同时每张门卡也可以有不同的权限，有的门卡只可以进入公共空间，只有特别的门卡才可以进入机密区域。

OAuth2 认证在实际使用中，系统和用户的交互过程如图 14-1 所示。命令行界面在获得身份令牌后，就不再需要用户再次进行身份认证。

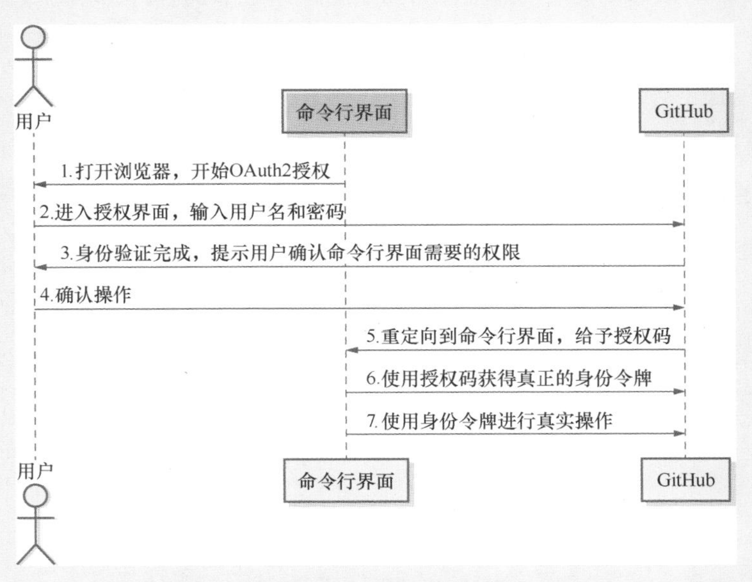

图 14-1　OAuth2 认证过程

存储身份令牌

身份令牌应该保存在只有用户可以读写的文件中，但这意味着用户在运行其他软件的时候身份令牌可能会泄露。如果需要用户在运行不安全的软件时不会泄露身份令牌，则可以结合 GPG（Gnu Privacy Guard）加密软件或操作系统提供的加密工具，不使用明文存储身份令牌。

其他措施

1. 阻止网络劫持和中间人攻击。客户端的网络环境如果不安全，可能会在访问 GitHub 的时候被劫持，导致获取身份令牌时访问的并不是真正的 GitHub 网站。因此需要在打开授权页面之前检查 GitHub 的安全连接，如果发现网站的证书有问题就需要阻止下一步的行动。

2. 获取身份令牌时的安全性。GitHub 会要求新建应用程序时输入重定向地址，并检查重定向地址，因此授权码不会被泄露给其他程序，使用授权码获取身份令牌时也不会被其他程序截获。

3. 本地存储的身份令牌如果被恶意程序获取，因为身份令牌有不同的权限，所以不会造成严重的后果。如果发现身份令牌被盗用，则应当及时更换身份令牌，清除恶意程序。

本章总结

命令行界面虽然看上去简陋，但是它的使用过程仍然需要设计。本章以设计命令行界面为例，介绍了系统设计题目中需要考虑的几个方面。希望读者能自己实现一个命令行界面，并体会设计中需要考虑的各个方面。

第15章 设计一个短网址服务

短网址服务，或称为网址缩短服务，是随着新浪微博等微博客兴起而出现的一种互联网服务。因为大多数微博客的内容长度被限制在 140 个字符以内，所以如果在微博客内分享网址就会占用宝贵的内容字符。有些网址为了优化搜索，甚至超过 140 个字符，从而无法在微博客上分享。虽然短网址服务的作用非常单一，但它是一个非常好的练习系统设计的切入点。

15.1 需求分析

短网址服务有以下两个主要功能：

1. 用户输入一个网址，返回短网址。如果是同样的网址，则应该返回相同的短网址；

2. 用户输入短网址，需要正确地重定向至对应的网址。

接口设计

接下来可以在白板或纸上写下两个接口对应的 HTTP 输入和输出，方便探讨需求如代码 15-1 和代码 15-2 所示。

代码15-1：创建短网址的接口，输入一个网址，返回短网址

```
POST /
{"url": "https://xxx"}

201 CREATED
{"url": "https://:domain/:code"}
```

代码15-2：获取短网址的接口，输入短网址，重定向至对应的网址

```
GET /:code

301 Moved Permanently
Location: https://xxx
```

身份认证

短网址服务在读取的时候不需要进行身份认证；在创建的时候则需要进行身份认证，防止接口被滥用，无谓地占用资源。

目前的短网址服务往往不对外开放，比如新浪的短网址服务的创建服务只限于新浪微博。在创建短网址的服务不对外开放的情况下，我们可以通过简单的用户名和密码访问，再配合限制写入的 IP，就可以实现安全访问。

容量规划

容量规划也是需求的一部分，很多系统设计和容量是非常相关的。一般来说，一辆家用轿车最多可乘坐 5 人，大巴车可乘坐 60 人，但是大部分人认为网站系统的容量是没有上限的。诚然像谷歌、脸书、网飞等网站可以服务全球的用户，但是网站系统支持不同容量需要的成本是不一样的。

容量规划最重要的是合理，即根据当前的数据量估算新服务的容量。例如新浪微博等有巨大访问量的网站，根据统计该网站每天创建 1 亿条新微博（记录），如何为它设计短网址服务的容量呢?

虽然每天有 1 亿条新微博（记录），但不是每条微博都会包含网址，而且存在热门网址被重复使用的情况，因此我们可以按照每一百条新微博中会创建一条短网址来估计容量。对应的短网址服务的写入量就是每天 100 万条，平均每秒写入 12 条。如果数据库设计为支持十年的写入量，就需要能够支持 36 亿条记录。如果一条记录的长度是 128 字节，那么总的磁盘占用量大约是 460GB。除了某些极端的情况，这样的性能要求一台 8 核或 16 核的数据库服务器就可以满足，况且不是所有的网站都能达到这样的访问量。以上的估计过程可以总结成一个表格，如表 15-1 所示。

表 15-1　关键指标的用量

服务	时间单位	数据量
新建微博	天	1 亿
创建短网址	天	100 万
平均并发量	秒	12
新增数据库记录	年	3.6 亿
新增数据库容量	年	46GB

通过容量规划也可以估计短网址的长度，短网址一般使用一种叫作短码的方式表示一个网址对应的唯一 ID。短码当然是越短越好，但是太短意味着容量可能会不够。如果短码的每一位由数字 0~9 和大小写的英文字母组成，那么每一位有 62 种选择，6 个字符就可以表示 568 亿种选择。这已经满足了我们的短网址服务的容量规划，甚至有可能到服务下线都不需要扩展长度。

设计数据表

一开始，数据表可以设计得很简单，可以只有短码和 URL 两个字段，如表 15-2 所示。

前面提到，短码可以与数字一一对应。生成短码可以使用随机数算法生成随机数字，然后转化为 62 进制对应的字符串，如果随机数冲突了就需要多次生成。

根据需要，这个表可能需要得到扩充，比如如果需要统计短网址的使用次数，可能需要添加对应的字段。在后面的“安全性”一节中，我们需要禁用不安全的短网址，并记录短网址的创建者。最后的数据表如表 15-3 所示。

表 15-2　数据表的初期设计

字段	类型	说明
code	string	主键，短网址的短码
url	string	对应的网址

表 15-3　数据表的最终设计

字段	类型	说明
code	string	主键，短网址的短码
url	string	对应的网址
visited	int	短网址的使用次数
enabled	bool	短网址是否启用，默认为 True
creator	int	短网址的创建者的 ID

错误处理

HTTP 服务在出现错误的时候需要返回正确的状态码和足够的错误提示。建议读者在面试前熟记一些常见的 HTTP 状态码，加深对 HTTP 服务错误处理的理解。

出于安全性的考虑，短网址服务只支持 https 开头的网址，如果输入了其他格式的网址，则会返回错误，如代码 15-3 所示。

同时，如果在访问短网址的时候输入了错误的短网址或短网址已经被禁用，则需要提示用户短网址不存在，如代码 15-4 所示。

代码15-3：创建短网址时输入了不支持格式的URL

```
POST /
{"url": "http://alibaba.com"}

400 Bad Request
{"error": “不合法的URL，只支持HTTPS格式。”}
```

代码15-4：输入错误或被禁用的短网址后提示短网址不存在

```
GET /:code


404 Not Found
不存在的短网址
```

15.2 功能详解：高可用性

虽然短网址服务并不直接对外，但是其对于可用性的要求还是很高的。因为一旦出问题，会给新建微博和访问微博的用户造成很大的困扰，所以在设计的时候需要考虑到高可用性。

负载均衡

负载均衡是指在面对大量请求的时候，可多增加几个服务器，并在这些服务器前再加一个负载均衡服务器，它负责接受请求并将请求分发给后方的服务器。后方的服务器通过内部网址告诉负载均衡服务器自己当前的健康状况，如果某个服务器一段时间健康状况并不好或没有返回，那么负载均衡服务器就不会把请求分发给该服务器。成熟的云服务会支持自行制定规则，自动替换不健康的服务器，并根据负载自动增加或减少服务器的数量。

数据库

大多数数据库在面对大量请求的时候会采用主从模式来提高可用性。如果主数据库有问题，那么一个从数据库需要被提升为主数据库；或者另外准备一台热备数据库，它和主数据库保持同步且可以随时切换。

内存数据库

短网址服务和大多数网站一样，只读请求远远大于写入请求。这种情况可以考虑增加几台内存服务器，从而降低访问频繁的短网址请求对数据库的压力。内存数据库使用的是内存而非磁盘存储对象，其读取和存入对象都比使用磁盘的数据库更快，常见的内存数据库都有很好的高可用性支持。

某个短网址在第一次被访问的时候，因为内存数据库中没有记录，所以需要访问数据库并写入内存数据库。但是创建了短网址后，对应的网址是不会改变的，因此不需要考虑更新内存数据库的问题，只需要设计短网址在多长时间内没有被访问就从内存数据库中清除。常见的内存数据库都有清除命令，在新建记录的时候也可以直接设定自动清除的时间。

可以看到，为了支持高可用性，整体的架构变得越来越复杂，维护工作也相应变得复杂，这也是除了服务器成本外为了支持巨大访问量需要付出的代价。如果容量规划没有做好，无论是在付出巨大成本后却没有规划中巨大的访问量，还是没有为突如其来的访问量做好准备，都会对项目造成不好的影响。

15.3 安全性

短网址服务是钓鱼网站攻击的温床，尤其是大公司提供的短网址服务。因此对于短网址服务来说，安全性是非常重要的设计要求。

钓鱼网站攻击原理

钓鱼网站通常指伪装成银行及电商网站，窃取用户提交的银行账号、密码等私密信息的网站。例如攻击者利用数字 1 和英文 l 非常相近的特点，注册了网址 a1ibaba.com，并把该网址对应的网站界面仿造成和 alibaba.com 网站一模一样。用户只凭网址和网站界面，根本无法区分这是钓鱼网站还是真正的阿里巴巴官网。然后攻击者在钓鱼网站上提醒用户最近有商品的特价活动，诱导访问该网站的用户下单，从而获得了用户在官网上的用户名、密码或信用卡信息，造成用户的资料泄露和财产损失。

因为键盘上“1”和“l”离得很远，所以用户很少会主动输入 a1ibaba.com 这个错误地址。但是通过短网址服务分享网址的时候，用户只能看到对应的短网址而不是完整的网址，而且如果是大公司的短网址，用户会更加放松警惕。这样钓鱼网站通过短网址服务就可以容易地骗取用户流量。

阻止钓鱼网站攻击

对于伪造域名的请求，需要在创建的时候就禁止，或者在用户访问的时候阻止。可以使用以下方法。

1．强制安全链接。虽然随着 HTTPS 证书普及，这个方法效果有限，但是也可以过滤一些钓鱼网站。

2．使用网址安全服务。现在很多大公司推出了网址安全服务，很多浏览器也集成了网址安全服务，在用户访问钓鱼网站的时候会提出警告。但这并不意味着短网址服务可以逃避相关的责任，例如用户使用了未及时更新的浏览器也会受到钓鱼网站攻击的影响。正确的做法是短网址服务在重定向前对目标网站做检查，如果是钓鱼网站应该返回错误，并通知系统禁用该目标网站相关的记录。

3．记录短网址的创建者。如果同一个用户创建和分享了多个钓鱼网站，可以认为该用户就是攻击者，可以通知微博服务停止该用户的访问。

本章总结

本章介绍了如何设计一个短网址服务，并满足相关的高可用性和安全性要求。不同网站对于相应指标的要求是不同的，读者需要能够根据网站的特点在面试中展现自己在不同方面的经验。

第16章 设计一个聊天系统

聊天软件在日常生活中使用频率很高，比如微信和 Slack，因此聊天系统也是面试官常用来考核面试者系统设计能力的题目。

在准备这类题目的时候，面试者需要注意一个问题：虽然微信、Slack 等系统用户多且发布时间长，但并不一定适合面试者自己。面试者应该用自己熟悉的技术尝试实现聊天功能，而不是必须使用最热门的或最新潮的技术。如果在实现的过程中遇到一些难点，那么此时可以借鉴这些技术来解决。

需求分析

具体功能

因为面试时间有限，所以可以从一对一消息开始探讨需求，具体功能如下：

1. 发送消息。用户可以发送字符串形式的消息给接收者。文件可以认为是特殊的字符串，小文件可以使用 base64 编码；大文件可以先上传到服务器，然后发送链接给对方；

2. 推送。如果接收者没有在线，则需要使用手机的推送服务通知接收者；

3. 接收消息。用户上线后需要查询服务器，获取未读的消息，完成后服务器删除这些消息；

4. 已读回执。有些聊天系统会在接收者收到消息后发送已读回执给发送者，并更新该消息在发送者处的状态。

身份认证

随着移动客户端的流行，现在很多聊天系统只服务于移动客户端。在移动客户端上，使用手机验证是一种非常方便的方式，而且移动客户端用户很少有在不同设备登录的需求。

在手机验证通过后，可以像第 14 章介绍的 OAuth2 认证一样，在客户端存储一个身份令牌，以后只需要使用身份令牌对用户进行认证。

接口设计

接下来对发送消息和接收消息进行接口设计。即时聊天系统有着悠久的历史，发展过程中也产生了很多成熟的协议，比如可扩展通信和表示协议（Extensible Messaging and Presence Protocol，XMPP）[①]就是一种被广泛采用的即时通信协议，服务器和客户端也有很多开源的实现。但是对于没有接触过即时聊天系统开发的面试者来说，面试前并没有足够的时间了解这些不熟悉领域的协议，因此可以在面试的时候只使用常用的 HTTP 接口来实现相关的功能。

发送消息可以使用常用的 HTTP 创建资源的方法，如代码 16-1 所示。

代码16-1：Alice发送消息给Bob

```
POST /messages
{"receiver": "Bob", "message": "Hello"}

201 CREATED
```

接收消息也可以使用常用的 HTTP 获取资源的方法，如代码 16-2 所示。

代码16-2：Bob收到了来自Alice的消息

```
GET /messages

200 OK
{"messages": [{"sender": "Alice", "message": "Hello"},...]}
```

定期地轮询接收消息的接口就可以不断地接收新消息，但是在真实的场景中轮询是比较低效的方式。当客户端开启时，客户端会保持和服务器的连接，由服务器及时推送新的消息；当客户端离线时，则可通过手机的推送服务提醒接收者有新的消息。

① XMPP 协议创建于 1998 年，应用该协议最有名的应用是 Google Talk。

设计数据表

消息的数据表可以按照最简单的情况设计，如表 16-1 所示。如果要设计应对大并发量，则可以按照接收者 ID 进行切片（Sharding），这样接收者只需要查询一次数据库就能拿到所有的未读消息。

表 16-1　数据表的设计

字段	类型	说明
ID	int	消息 ID
sender	int	发送者 ID
message	text	消息内容
receiver	int	接收者 ID

错误处理

如果系统资源紧张，可能会导致用户发送消息失败。客户端需要记录这次失败，并重试几次；如果还是失败则可以提醒用户，由用户手动选择重新发送，HTTP 响应如代码 16-3 所示。

代码16-3：数据库繁忙时发送消息对应的错误消息

```
POST /messages
{"receiver": "Bob", "message": "Hello"}

500 Internal Service Error
{"error": "数据库繁忙"}
```

16.2 功能详解：并发访问处理

在聊天系统中，WhatsApp 的传奇故事经常被人提起。WhatsApp 在 2014 年被 Facebook 收购的时候，公司员工共 55 人，其中工程师有 32 人，与此对应的是 WhatsApp 当时每个月的 4 亿活跃用户。工程师团队如此高效率的原因，很多人归功于他们使用了 Erlang，这是一种专门为并发编程设计的编程语言。在 WhatsApp 开发的时候，最好的 XMPP 协议的实现就是 Erlang 实现的 ejabberd。从这一点来看，WhatsApp 使用 Erlang 的一大原因是业界已经有了很好的参考实现，便于快速开发功能。

在聊天系统中，能够同时处理大量的消息是非常重要的能力。Erlang 在并发方面有着重要的特性，不过这些特性也在很多编程语言或中间件中得到了体现。我们可以看一下 Erlang 的这些特性。

轻量化并发单元

Erlang 应用程序中，每个并行单元被称为“进程”。它的作用和操作系统的进程类似，但并不是直接使用操作系统的进程。Erlang 的并行单元非常轻量，而且会自动地产生和消失。如果 Erlang 进程出错了，也可以很容易地自动恢复。

现在很多微服务架构也采用相似的机制，微服务的“微”体现在服务单元的功能单一，消耗的资源非常少。大部分微服务管理平台都可以根据需求调整微服务的数量，并自动恢复出错的微服务。

消息传递

Erlang 的并行单元之间不共享任何内存，只使用消息进行通信。每个 Erlang 进程都有一个“收件箱”，进程启动后监听收件箱的消息，处理后发送消息给下一个进程或返回消息给原进程。

现在很多编程语言的并发编程也使用了类似的基于消息传递的方法，同时也有很多服务发现中间件（如 Etcd）和消息中间件（如 RabbitMQ）帮助不同的应用程序之间发送和接收消息，达到解耦的效果。

热更新

对于有同时大量访问的系统，如何更新系统是一个令人头疼的问题：直接重启服务会中断在线用户的连接，使得用户体验很糟糕。Erlang 的解决方法是在语言层直接支持热更新，Erlang 的每个模块都支持同时加载新旧两个版本，逐渐使用新版本代替旧版本。

使用其他编程语言的应用就需要借助运维平台的蓝绿部署进行热更新。原理是把系统分割成蓝和绿两个区域，先让负载均衡服务器把流量全部转入蓝色区域，让绿色区域完成升级；然后再把流量全部转入绿色区域，让蓝色区域完成升级；最后再让负载均衡服务器把流量均匀地分配至蓝色和绿色区域。

需要指出的是，热更新并不是对所有系统来说都有必要，对于大部分系统的用户来说，在空闲时间段几个小时的系统维护是可以接受的。同时由于移动客户端的流行，服务器不再需要保持大量的长时间连接，热更新也变得没有那么重要。

16.3 安全性

当接收者没有收到消息时，消息的内容会存储在数据库中。如果数据库的密码被盗或磁盘被偷，那么用户的消息就有被泄露的危险。如果消息中包含用户的隐私信息或银行卡信息，则会造成用户的隐私泄露或财产损失。

服务器加密

聊天系统可以选择在存储消息时加密，在返回给接收者时再解密。这样数据库中存储的就是加密过的消息，即使数据库密码被盗或磁盘被偷，也不会造成用户消息的泄露。

对数据库所在磁盘进行加密也是一个很好的选择，很多信息（如用于验证身份的短信验证码）也不可以随便泄露，需要在安装数据库的时候选择将数据目录放在加密的分区。

服务器安全

服务器可以开启强制 SSL 访问，这样在各个服务组件之间不会明文传递用户的消息。服务器的访问控制也应该加强，防止非法用户登录到服务器窃取数据。

端到端加密

很多用户由于对公共服务不信任，因此希望聊天系统能够提供端到端加密的支持。端到端加密需要客户端在本地生成一对公钥和私钥，由服务器协助双方交换对方的公钥，这样传输过程中和服务器存储的都是加密过的消息。

同样的加密方法对于群聊并不适用，每一条消息对每个接收者分别加密一次，相当于每条消息都复制了多份，这对于网络带宽和数据库都不友好。有些工具的解决方法是为群聊引入专门的密钥对，这样每条消息不再需要多次加密，有人离开和加入群聊时都需要重新生成一次密钥对，防止群聊的消息被泄露。

本章总结

本章介绍了设计一个聊天系统时需要考虑的几个方面，建议读者先试着用自己熟悉的技术尝试设计，然后再了解WhatsApp和微信的架构，也可以参考和Slack相似的开源系统mattermost。

第17章 设计一个电商系统

电子商务（电商）系统在目前的互联网服务中仍然占有很重要的地位，比如直播带货本质上仍然可以看作电商。

虽然在实际工作中可以利用电商平台或各种电商建站工具建立电商系统，并减少工作量，但是在面试中设计电商系统仍然是一个不错的系统设计题目。

17.1 需求分析

具体功能

电商系统本身是一个很复杂的系统，在面试的时候可以选择和用户最相关的“搜索商品一加入购物车一下单”过程进行讨论。

1．搜索商品。用户可以通过输入商品名称或品牌名称，在搜索结果中找到自己想要的商品。

2．加入购物车。用户可以把商品加入购物车，每个商品可以添加多个到购物车。

3．下单。用户可以把购物车中的商品下单。

接口设计

在这里我们把商品、购物车和订单看作三个独立的模块，前面讨论的三个需求分别是对于商品的搜索功能和对于购物车、订单的新增功能。

搜索商品可以使用 HTTP 获取资源的方法，如代码 17-1 所示。

代码17-1：搜索商品功能

```
GET /products/search?q=牙膏

200 OK
{
  "products": [
    {"name": "X牙膏", "ID": 1, ...},
    {"name": "Y牙膏", "ID": 2, ...}
  ]
}
```

加入购物车需要商品 ID 和数量，如果购物车中已有同样的商品，则数量累加，如代码 17-2 所示。

代码17-2：加入购物车功能

```
POST /cart
{"product_id": 1, "quantity": 1}

200 OK
{"cart": {"products": [{"product_id": 1, "quantity": 1}]}}
```

下单就是把购物车中所有的商品加入订单，因为用户只有一个购物车，所以这个过程不需要任何参数，如代码 17-3 所示。

代码17-3：下单功能

```
POST /orders
{}

200 OK
{"order": {"ID": ...}}
```

刚下单的时候，订单处于未支付状态；用户完成支付后，订单会变成支付完成状态。

设计数据表

根据上述的功能需求分析，我们需要多张数据表实现相应的功能。

商品表的设计如表 17-1 所示。

购物车表的设计如表 17-2 所示。为了满足购物车可以放多个商品的需求，可以额外增加购物车明细表，如表 17-3 所示，使用外键和购物车以及商品关联。

订单表的设计如表 17-4 所示。

订单明细表和购物车明细表的结构基本一样，如表 17-5 所示，考虑到价格变动的因素，需要在订单明细表中记录下单时的价格。

表 17-1 商品表的设计

字段	类型	说明
ID	int	商品 ID
name	string	商品名称
desc	text	商品描述
price	numeric(2)	商品价格
amount	int	库存数量

表 17-2 购物车表的设计

字段	类型	说明
ID	int	购物车 ID
user_id	int	用户 ID

表 17-3 购物车明细表的设计

字段	类型	说明
product_id	int	商品 ID
cart_id	int	购物车 ID
amount	int	库存数量

表 17-4 订单表的设计

字段	类型	说明
ID	int	订单 ID
total_price	numeric(2)	总价格
transaction_no	string	支付交易单号
address	text	送货地址
user_id	int	用户 ID
status	enum	订单状态，枚举类型

表 17-5 订单明细表的设计

字段	类型	说明
product_id	int	商品 ID
order_id	int	订单 ID
amount	int	库存数量
price	numeric(2)	商品价格

17.2 功能详解：搜索功能

搜索功能可以帮助用户快速地找到自己想要的商品。比如，用户可能会搜索商品名“牙膏”，也可能会搜索自己喜欢的牙膏品牌“XX 牌”，有些情况下用户还可能会对商品描述进行搜索，比如用户想要可折叠桌子，但是桌子这个类别并没有细分成可折叠和不可折叠。这几种情况都需要全文搜索功能的支持。

全文搜索和数据库查询一样，都依赖于索引。当新增一条商品信息时，需要把商品名称和商品描述等信息编码成索引，然后把索引保存起来以供搜索。很多关系型数据库带有全文搜索支持，使用 ElasticSearch 等开源项目也可以搭建全文搜索系统。

使用数据库的全文搜索支持

使用数据库的全文搜索支持有以下优点：

1．减少资源消耗。使用数据库的全文搜索支持，只相当于数据库额外添加了一个字段，和独立的全文搜索服务相比资源消耗更少；

2．减少在运维上投入的精力。只有一个数据库时，运维人员可以更加专心地监控数据库并进行性能调优。

同时该方法也有以下缺点：

1．性能。如果搜索和数据库核心业务在一起，就可能互相抢夺资源，造成搜索速度慢或核心业务变慢的情况；

2．云服务平台不支持。现在数据库更多是由云服务平台提供，而不是用户自行安装。很多云服务平台提供的数据库并没有安装全文搜索支持，选择数据库的全文搜索支持就没有办法利用云数据库带来的很多便利。

独立的全文搜索服务

ElasticSearch 是现在流行的搭建全文搜索服务的开源项目，借助开源项目搭建全文搜索服务会带来以下优点：

1．关注点分离。虽然搜索也是重要的功能，但是对它的可用性与性能指标的要求和核心业务是不一样的，搜索独立出来以后可更好地调整以满足这些指标；

2．专业性。ElasticSearch 对于搜索有着很好的支持，而数据库的全文搜索支持则没有太多自定义的部分；

3．扩展性。ElasticSearch 被设计成可方便地横向扩展，可以根据实际的需要增加或减少相应的资源。

使用独立的全文搜索服务除了会多消耗资源外，还应该注意保持数据的同步性。我们可以自己编写同步工具或利用现有的工具解决数据同步的问题。

17.3 安全性

因为电商系统的一些重要操作涉及用户的财产和信息安全，所以电商系统的安全性是非常重要的。国际上有权威组织推出了电子支付和个人信息安全相关的标准，国内也有法律法规保护相关数据安全法律法规，如果面试相关行业，建议面试者提前了解一下这些行业标准。

电商系统的用户经常处于不安全的网络环境中，电商系统需要时刻检查用户的账号是否是用户自己在操作，保障用户的账户安全。

防止账号盗用也是一个重要的安全步骤，可以通过以下措施防止用户的账号被盗用。

1. 多重认证。如果用户在未登录过的设备上登录，可以要求用户在验证用户名和密码成功后，完成其他方式的认证，防止用户的密码被盗并在用户不知情的时候被他人登录的情况。

2. 更改收货地址时认证。如果用户突然更改收货地址，也可能是账号被盗用了。

3. 电话通知用户。如果用户的行为很可疑，可以暂时禁止用户的一些权限，在电话通知用户以后再恢复这些权限。

除了账号安全以外，阻止信用卡盗刷和欺诈订单也是电商系统安全性中的重要部分。

本章总结

本章介绍了电商系统的一些核心功能，随着社交电商、直播电商等新形态电商的发展，功能需求、接口和表结构也在不断地变化。请读者在面试中根据面试官提出的要求进行设计，而不是死记硬背。

笑看面试

经过前面的算法题目和系统设计题目练习，相信读者已经对常见的面试题类型有所了解并做好了准备。最后是为马上就要参加面试的读者准备的内容，帮助读者消除面试前的紧张。

遇到不会的问题怎么办？

在面临重要考试或面试时，人往往会紧张。很多人都经历过面试前一天晚上睡不着觉或面试临场发挥失常的情况。如果在面试中遇到不会的问题，我们更需要沉着冷静，像平时工作中攻克难题一样从多角度思考如何解决问题。

如果没有解题思路怎么办？

在面试时，如果遇到没有解题思路的问题，可以先用最笨的方法实现。想不起来怎么解题是非常正常的，就像和外国人交流的时候也会想不起来一些不常用的单词。对于想不起来的单词，我们会尝试使用比较啰唆但是正确的描述性词汇，同样想不到解题思路时也可以用类似的方法。

清洗整个城市的窗户需要多少钱？

有时候会遇到一些让人没有头绪的题目，比如清洗整个城市的窗户需要多少钱。这种问题严格来说应该叫思维练习，是科学家费米经常使用的估算方法。程序员在平时的工作中也会遇到类似的估算问题，比如在第 15 章我们看到如何利用现有的数据估算新服务需要的各种资源。遇到这种面试题，有以下几种对策。

1. 如果你知道费米估算或平时会用类似的方法，那么你要做的就是一步一步提出让面试官信服的假设，并随时接受面试官的反馈，最后给出一个答案。

2. 如果你毫无头绪，可以向面试官寻求帮助。一个小技巧是不要直接询问方法，而是从一个笨方法开始，比如“我觉得可以直接问一下玻璃清洗公司”。

3. 大胆假设。因为面试官并不知道这个问题的正确答案，所以对于部分细节问题可以大胆假设，毕竟这种问题考查的都是思考过程而不是最后的答案。

你可以选择不回答

虽然回答不出问题会增加面试失败的可能性，但是盲目回答也会增加这种可能性。友好的面试官可能会接受换一个题目的提议，不妨让面试官知道你想不出答案的原因。

比如问题太过专注于某个领域，但是你并未从事过该领域相关工作，这个时候可以提醒面试官这个问题并不能够正确地考查你的能力。虽然不回答问题并不常见，但也是一种合理的方法。

最后一个问题，你准备好了吗？

当你走进面试间之前，再问一下自己，“你准备好了吗？”。希望你此时的回答是自信和肯定的，你做好了准备：在自我介绍的时候能有条不紊地向面试官介绍自己的优势，对于常见的算法题和系统设计题都胸有成竹，也想好了向面试官了解关于公司的哪些情况。

如果你暂时面试失败，也请不要灰心，通过下一次的准备你会展现出更好的自己，只有不断地尝试才能离成功越来越近。请适当地调节心情，让自己快速地摆脱郁闷的情绪，从这次面试中得到一些经验，为下一次的面试做好更充足的准备。